一个拥有健康的自尊、内核稳定且自我完整的人，既不内耗也不耗人。其实我们不用刻意去想要怎么对别人好，只有当你对自己够好的时候，别人才会用相同的方式来对待你。

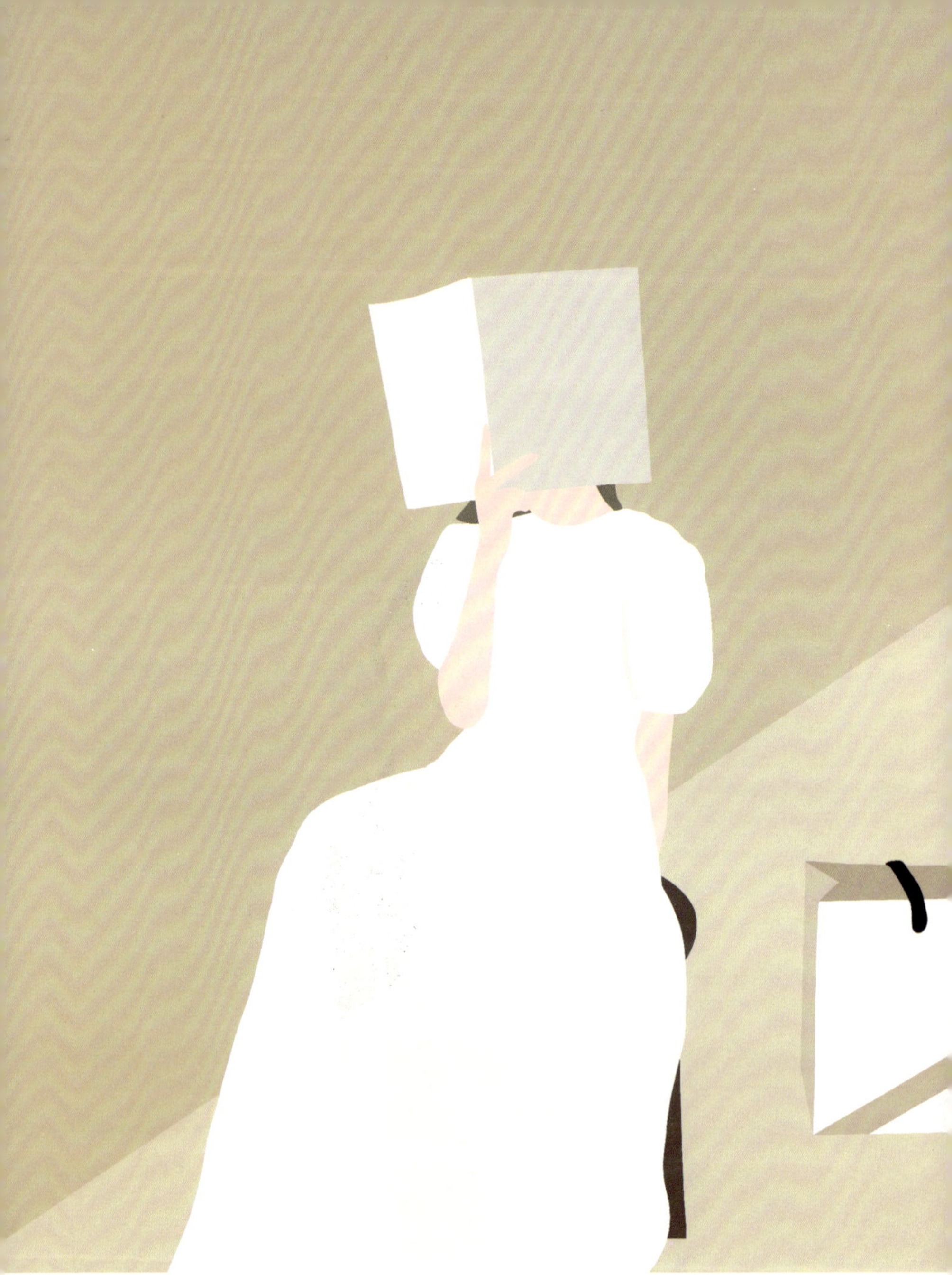

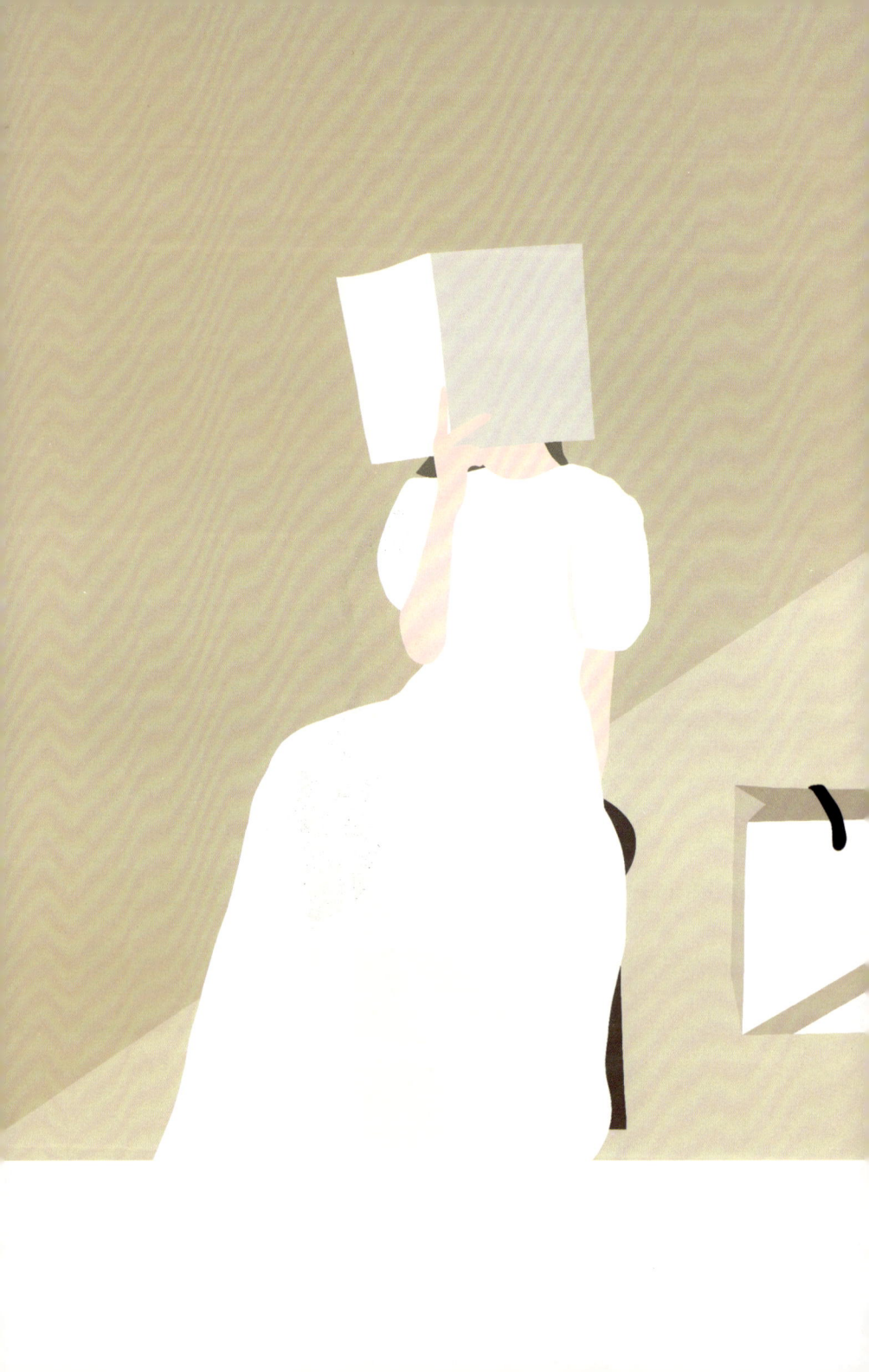

不要掩盖，更不要逃避，请直面你所遇到的一切糟糕的事情，它们都是你内心的投射。不要总是向外张望命运，要向内看到你内心的缺口，当你变得完整，命运就会因此不同。

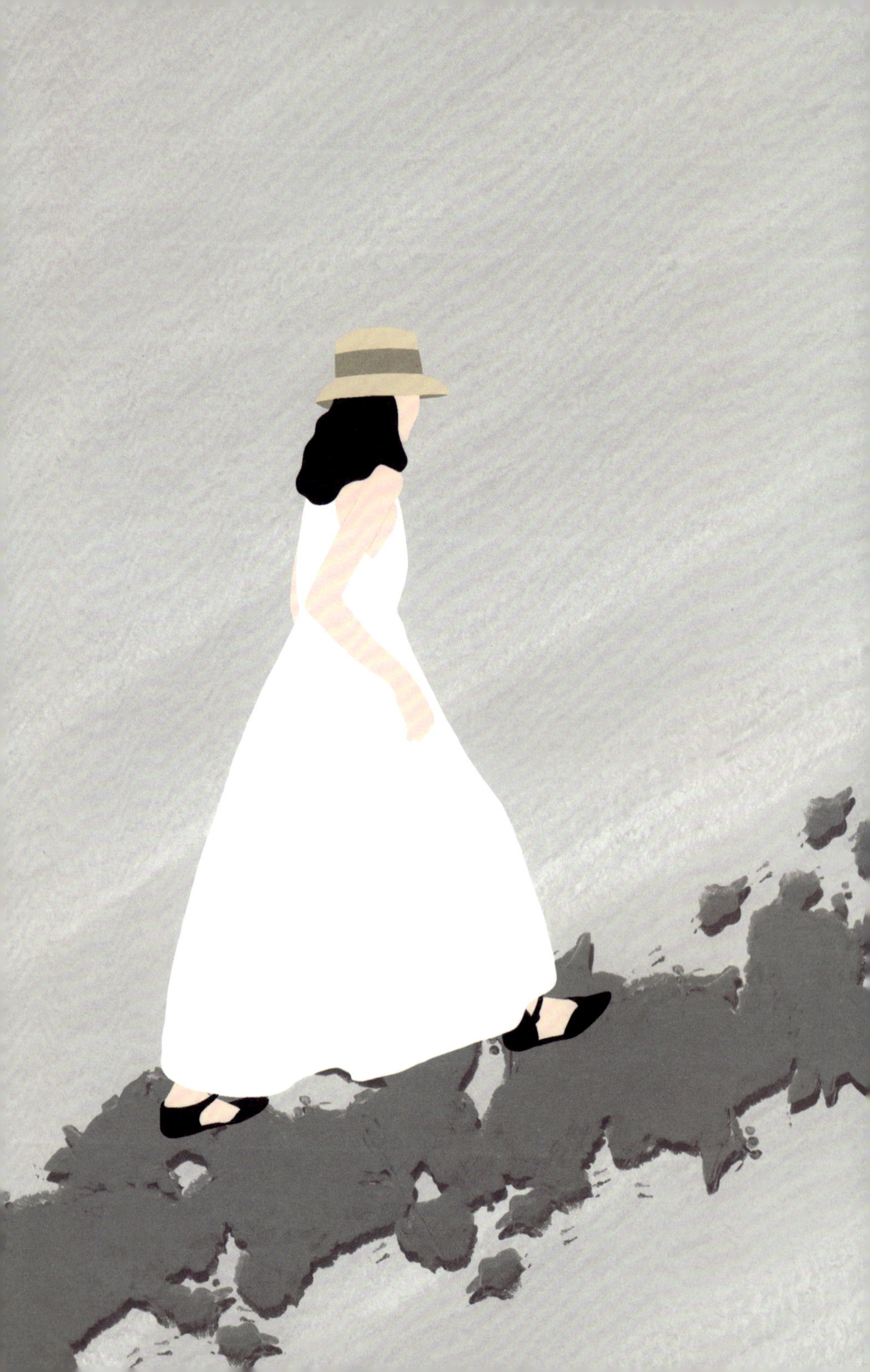

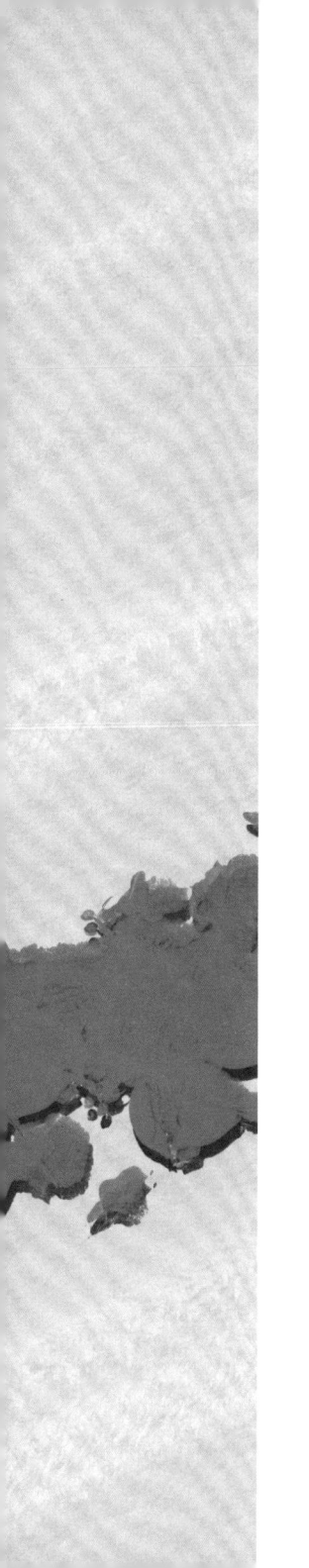

当你为帮助别人而付出时,只是单纯因为你想要帮助他们,而不是仅仅因为无法拒绝,甚至想要讨好对方。这就是"健康的自私",它跟善良毫不冲突,甚至可以说是一种人生智慧。

反者道之动,想明白了这个道理,你就
不会再生出任何嫉妒情绪和对抗心理。
包容一切,本自具足。

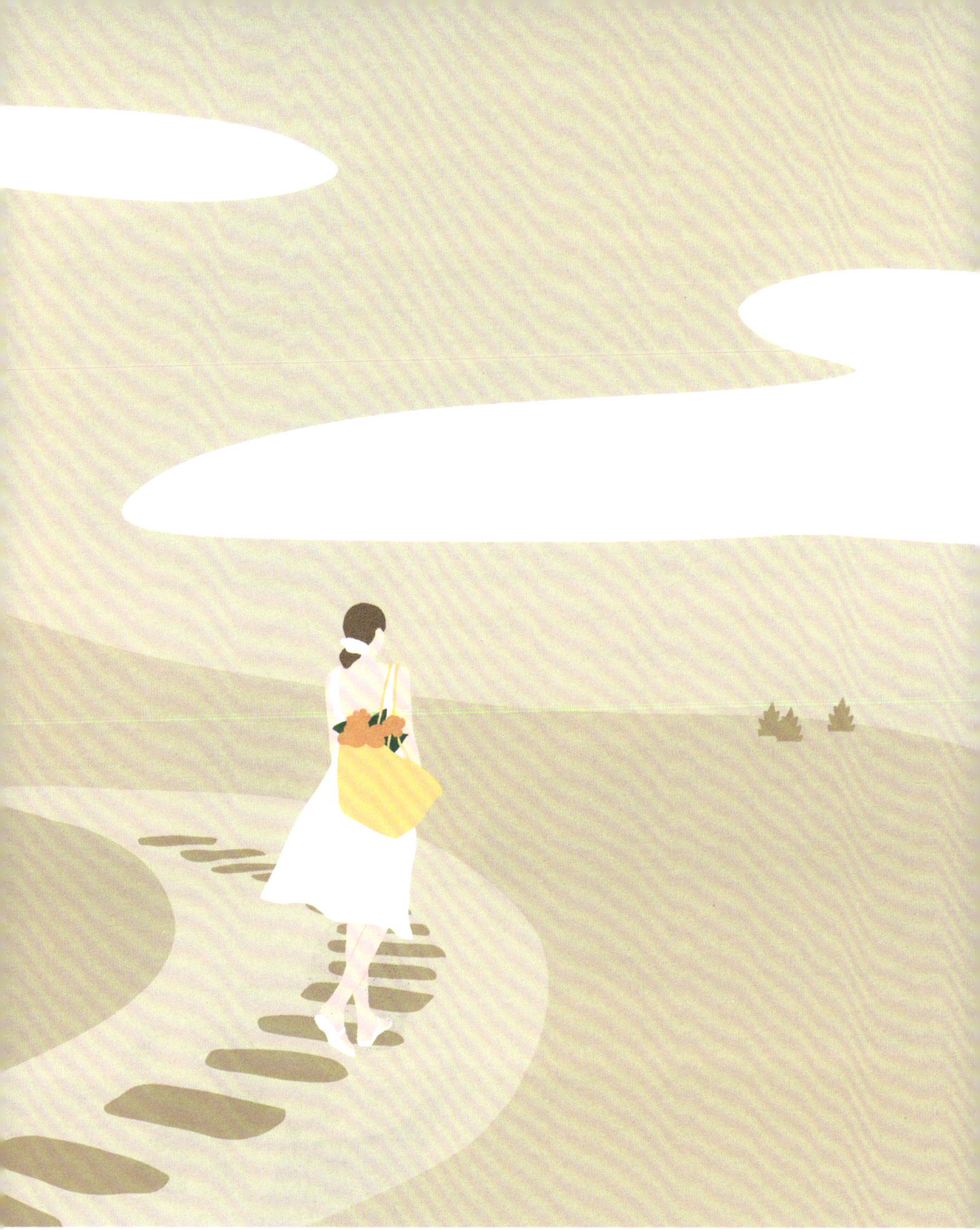

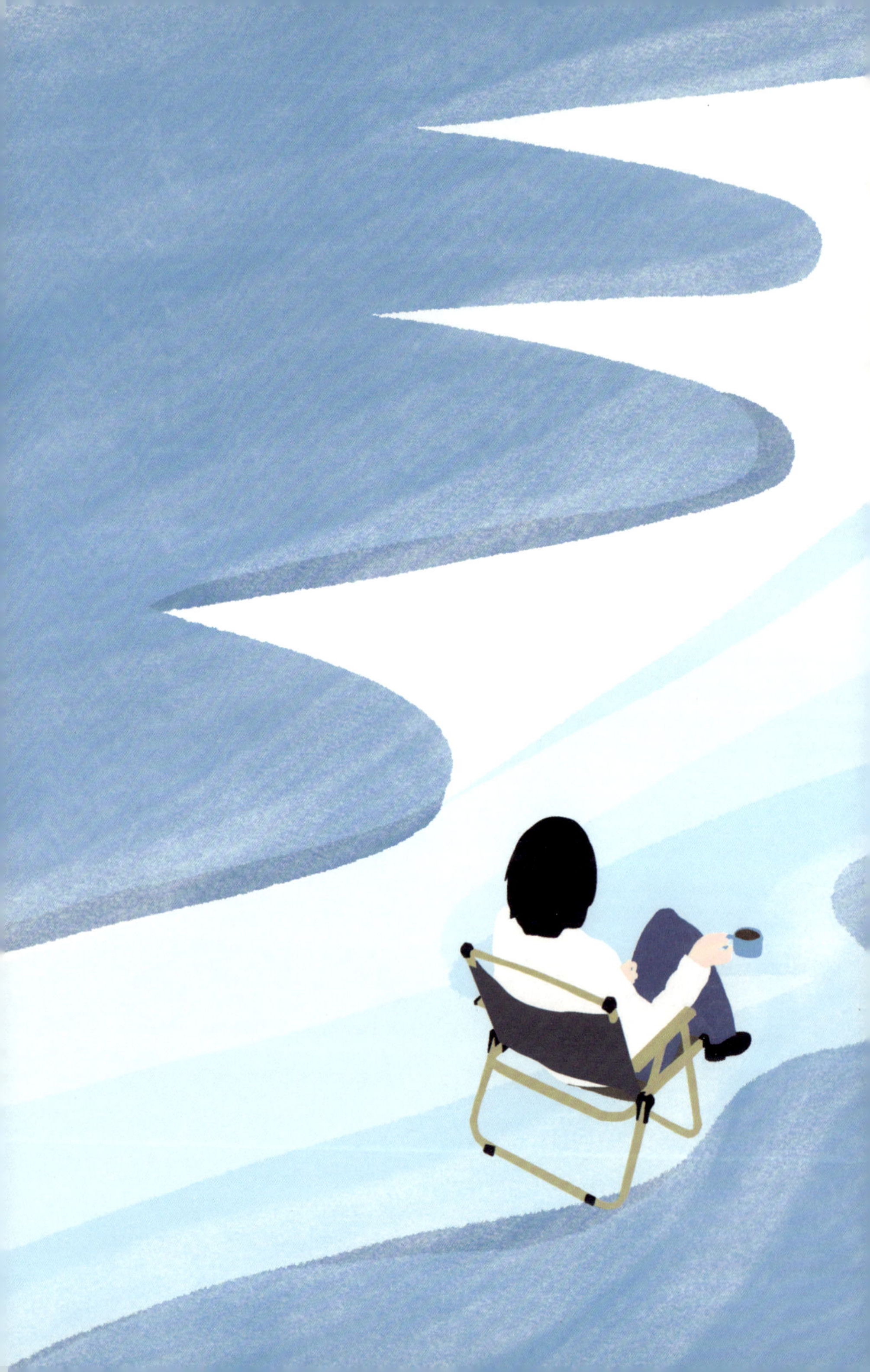

女性可以成为一个野心家，野心并不意味着野蛮。只要懂进退、有尺度，坦坦荡荡，就值得被称赞。

在天赋这件事上，最不应该有鄙视链。哪怕你只是爱吃饭，也能当美食博主。从小我母亲就告诉我，任何事情，你只要做得比别人好，那就是好。祝我们都能找到自己的天赋与天职。

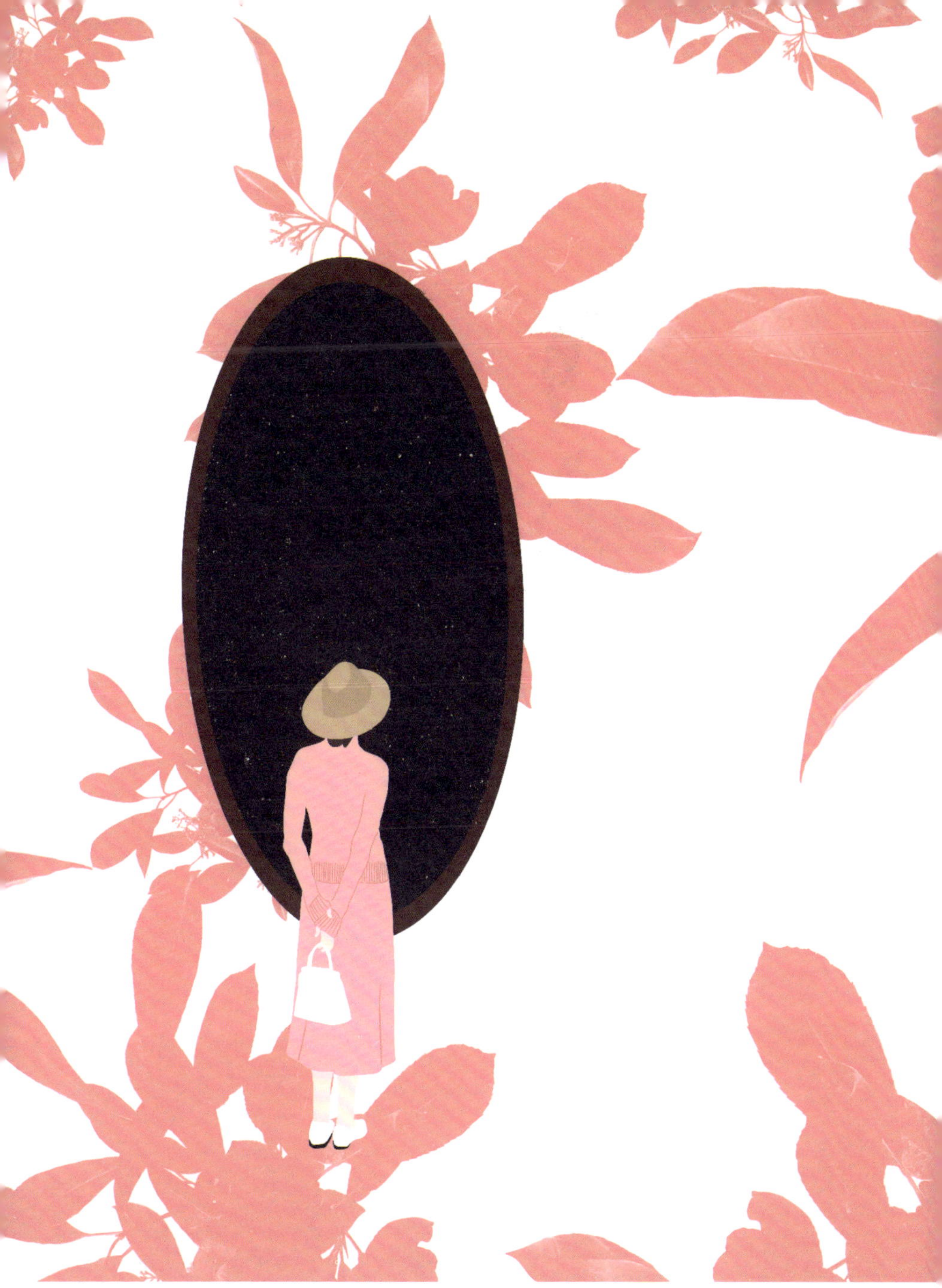

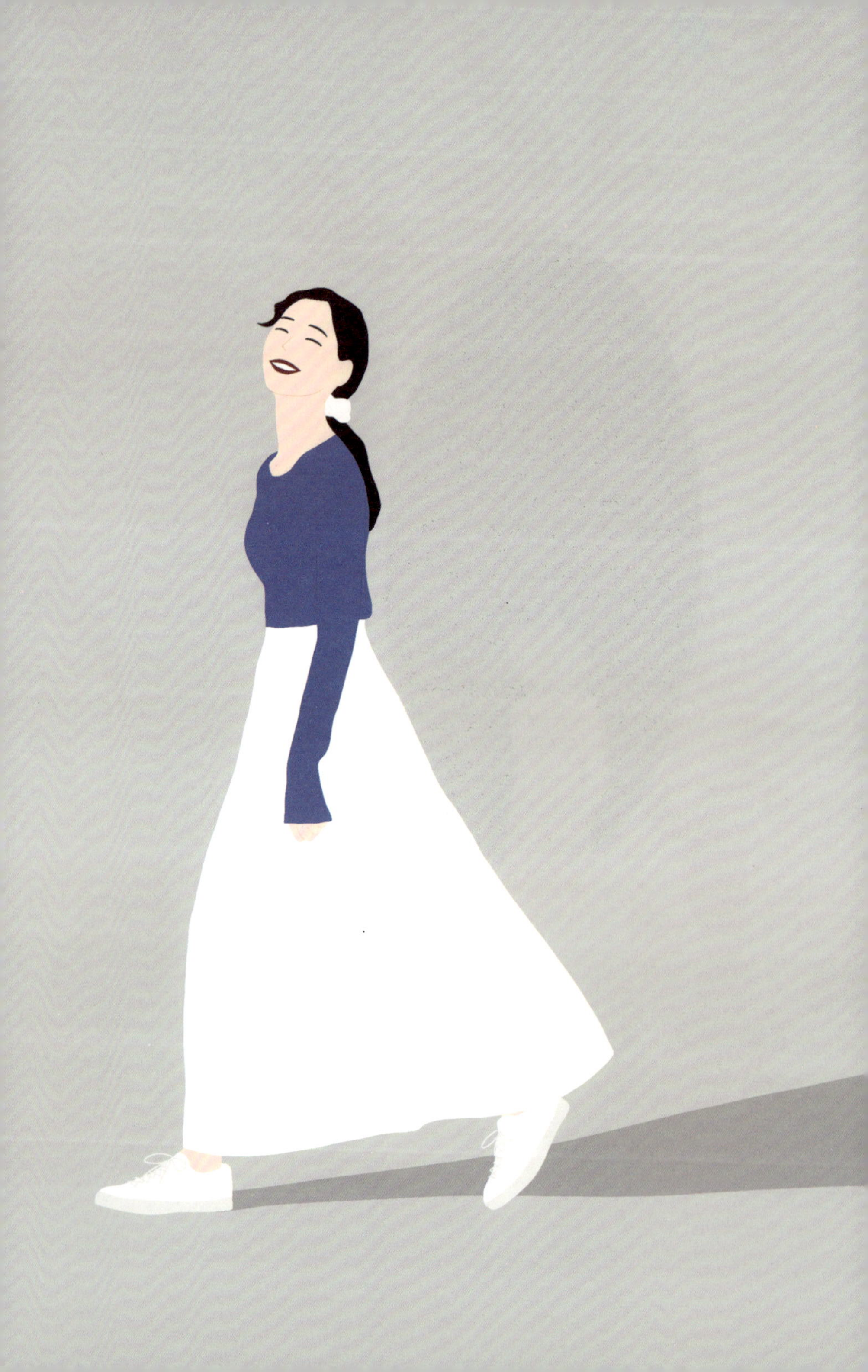

每个人年轻的时候都会忍不住锋芒毕现，渴望尽情展示自己，但随着年纪渐长，经历的事情越来越多，自己的内核逐渐变强，反而觉得往后退一步挺好，低调处世也是一种人生智慧。

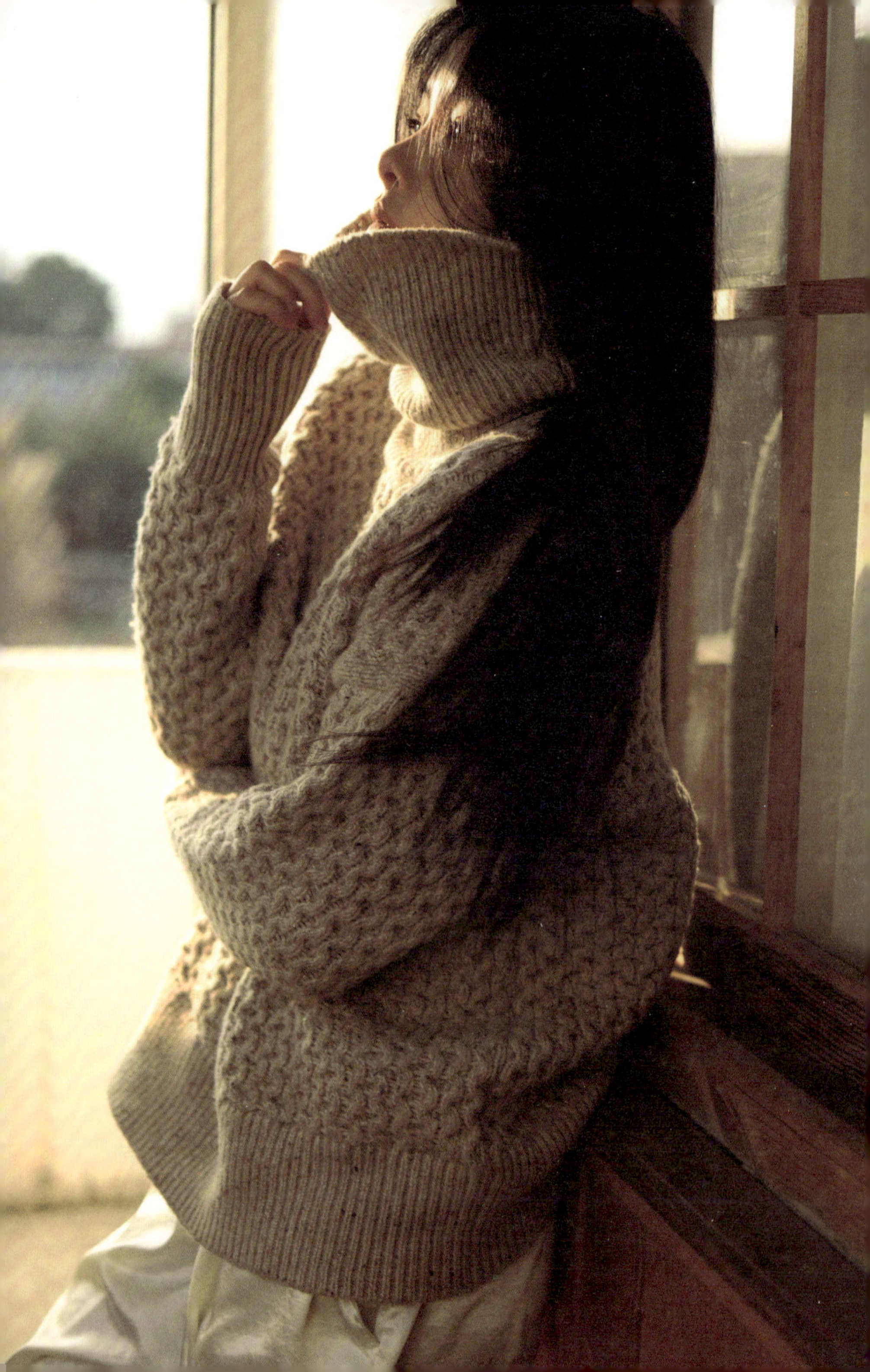

不讨好的勇气

花大钱 著

Not to please

民主与建设出版社
·北京·

© 民主与建设出版社，2024

图书在版编目（CIP）数据

不讨好的勇气 / 花大钱著. -- 北京：民主与建设出版社，2023.11（2024.1重印）

ISBN 978-7-5139-4382-6

Ⅰ.①不… Ⅱ.①花… Ⅲ.①女性—成功心理—通俗读物 Ⅳ.①B848.4-49

中国国家版本馆CIP数据核字（2023）第192660号

不讨好的勇气
BU TAOHAO DE YONGQI

著　　者	花大钱
责任编辑	郭丽芳　周　艺
版式设计	刘龄蔓
出版发行	民主与建设出版社有限责任公司
电　　话	（010）59417747　59419778
社　　址	北京市海淀区西三环中路10号望海楼E座7层
邮　　编	100142
印　　刷	三河市中晟雅豪印务有限公司
版　　次	2023年11月第1版
印　　次	2024年1月第2次印刷
开　　本	880mm×1230mm　1/32
印　　张	8.5
字　　数	130千字
书　　号	ISBN 978-7-5139-4382-6
定　　价	59.80元

注：如有印、装质量问题，请与出版社联系。

序　言

我是一名作家，曾写过几部小说。我从未想过，自己之后会创作一本讲述心理成长的书。对，就是你现在正翻开的这本。我不是一名心理学者，不会以心理学的框架来和你分享专业知识，我只是结合我的所思所想，来和你探讨一个很重要的主题：我们不必迎合他人，只需要合理尊重自己的欲望、野心与需求，也能活得很好。

我认为"不讨好"是有多个维度的。

第一个维度：我们不必讨好外界。

我自己并不是一个特别会讨好别人的人，但我有许多讨好型的朋友。他们常常过分关注别人的情绪和感受，不敢表达期待，害怕被批评，常常陷入过度反思的境地——尤其是女性，她们总是特别擅长自我反思。在原生家庭当中不被爱，先反思自己；恋爱、婚姻失败了，依然反思自己。甚至当我们自己处于第一受害者的境遇之中，也无法理直气壮地去追责他人，永远是先反思自己。

很多人还会畏惧与他人发生冲突，但这并不意味着冲突会消失。相反，越是畏惧冲突的人，反而越是会遭遇各种各样的矛盾事件。这也印证了心理学上的一个说法：别人对待你的方式，是你自己应允的。你的行为暗示别人"我非常希望被你肯定和接纳""我希望能满足你的一切期待""我不敢向你提任何要求""我的需求不重要""我不应该有脾气"，那么对方自然会轻视你，因为伤害你和辜负你不会付出任何代价。

在我 30 岁人生的大部分旅程中，我都不算是一个容易相处的人。我曾经性格尖锐、说话刻薄，任何人都不要试图用语言影响我分毫。随着年岁渐长，我的性情逐渐温和，但内心越发坚韧了。这让我收获了很多显而易见的成就——至少在人际关系中，我获得了足够的尊重和信任。

这是我切身的感受，一个拥有健康的自尊、内核稳定

且自我完整的人，既不内耗也不耗人。其实我们不用刻意去想要怎么对别人好，只有当你对自己够好的时候，别人才会用相同的方式来对待你。

我希望每一位读者都能成长为自尊水平高的人。一个高自尊的人，不需要为他人的评价而活着，你相信自己的价值由自己决定，不会因一时的赞赏就得意忘形，也不会因质疑就感觉羞耻。

第二个维度：我希望你成为一个尊重自己野心的人。

文学作品中通常是如何塑造女性反派的呢？她大概率非常有心机，有手段，有野心，有欲望。但，有野心的女性真的是"反派"吗？

我们规训自己，要表现得与世无争、无欲无求，这本身也是一种对于不合理规则的讨好。有女性朋友和我倾吐自己的困顿处境。她在职场上位居中层，是领导和下属的支柱。回到家里，每当以女主人身份来做决策时，却会被亲人埋怨"你这个女人也太好强了"——这个评价比哪个项目搞砸了还让她感到羞愧。不知道从什么时候起，"好强"成了一个贬义词。有野心的女性好像成了偷窃犯，窃取了天生不应属于自己的特质。

我觉得，这些"好强"的女性简直是光芒四射。在这本书中，我用了不小的篇幅论述这一点，也给出了一些我觉得有借鉴意义的方法。我希望你能明白，女性可以成为一个野心家，野心并不意味着野蛮。只要懂进退、有尺度，坦坦荡荡，就值得被称赞。

我是一个有野心的女性，我希望你也是。

第三个维度：还有一种"不讨好"，即不要迎合一些看似正确、实则无用的口号与观点。

譬如"一心搞钱，远离男人""不婚不育，芳龄永继"等。这些口号看起来很有力量，但实则是将女性逼向了另一个极端。在我看来，钱和爱，我们可以选择只要其中一种，也可以都要。

判断这些热门口号的前提，是拥有一个敢于深度思考的大脑。对于某些绝对化的、极端的言论，不妨追根究底问一问：这些非黑即白的口号从何而来？为何而来？意图是什么？逻辑对不对？是否与我的目标一致？是否尊重了我的自我主体性？

我希望，大家通过阅读这本书，思想能够不再被这种空洞的口号所捕获，提高自主决策的能力。

最后，我还期待——我们都不再过度讨好自己。

我们常常听到这样一句听起来百分之百正确的话：要学会爱自己。爱自己当然没错，但很多人实践起来却变成了"讨好自己"。

爱和讨好有什么区别呢？

爱是接纳自己的缺点，承认自己的优点，看见自己的需求，合理地满足自己的欲望；爱也是鞭策自己、警醒自己，甚至逼迫自己走出舒适圈，做一些有挑战的事情。

那讨好是什么呢？讨好是对自己的纵容，是欺骗自己"我就是真理"；是允许自己"躺平"和拖延，允许自己的缺陷不断地被放大；是关在自己的世界里，拒绝任何异议；是看不到自己的脆弱和阴暗面，把自己包装成"永远发光的仙女"。

在这本书中，我将分享一些克服惰性的方法，因为我相信，走出舒适圈确实很痛苦，但不行动一定会令我们更加痛苦。

但愿这本书能给予你一些陪伴，它也许不是很温暖，但是我最真挚的表达。

我想告诉你，也许我们不是那么优秀，但我们不用被迫迎合任何人，你也可以在合理范围内健康地拥有"自私""愤怒""骄傲"的权利。我希望我们都能让内心更简然、思想更敏捷深邃，能自在地成长，更好地与世界相处。

目　录

01 别与自己对抗

外部的问题，从内部找原因　　002
所谓终极自由，是接受自己不被爱　　006
如何摆脱"道德感应激症"　　011
我很"自私"，但我了不起　　015
为什么你总有羞耻感　　019
我们的精力太宝贵了，还是先用来照料自己吧　　023

02 困境与出路

精神"断奶"，从有毒的原生家庭出走　　034
"女性独立"不是爽文式口号　　049
女孩子缺乏的"凶猛教育"　　058
有野心，不羞耻　　064
穿芭比裙的六边形战士　　069
不做公主，请做女侠——　　075
真正懂爱的人，是随时准备离开的人　　080
当我们遭遇无来由的恶意　　085

03 思想最值钱

看清事物的本质	092
大多数人没有深度思考的能力	101
发掘潜力，打造最高版本的自己	109
道力所限，愿力破之	117
低学历如何重塑人生	123
聪明人都会藏锋守拙	134
我的"宇宙第一法则"：忘字诀	139
读懂了死亡，就学会了珍惜	144

04 别纵容惰性

也许行动很痛苦，但不行动一定更痛苦	152
我的"八倍速"人生	158
如何度过二十岁到三十岁这黄金十年	163
觉察自己的语言	172
摆脱"灾难化"思维：一切原地悲伤都是徒劳	176
人生没有箭靶，请先射出你的箭	180
请学会欺骗自己的基因	185
不抛弃因果律，很难成功	189
一句人生咒语：反者道之动	194

05 孤岛与群岛

给年轻人的"厚脸皮"人生哲学	200
别让某一类人进入你的生活半径	210
不预设别人是坏人	214
情绪成熟是一种高级的修养	217
管好嘴巴的欲望	221
利用人脉杠杆：不会来事儿的人如何发展人脉	224
远离"虐恋"情结	230
单身者自白：单身也挺快乐啊	236
守住那些不需要交谈的时刻	240

不要陷入"过度反思""自我厌恶""自我审慎"的困境。

你作为个体的自尊、骄傲和其他心理需求都很重要。

不要用他人严苛的标尺来衡量自己,我们大可以坦然地拥有合理范围内的"自私""愤怒""骄傲"等权利。

这是作为一个真正意义上健康的人,应当拥有的权利。

01

别与自己对抗

外部的问题，
从内部找原因

经常有人会问我一个问题：如何改变自己的命运？

我每次都会非常认真地用偶像里尔克的话来回答他们："人的命运是从你身体里走出来的，而不是从外面走向你的。"

大多数人不理解，以为我在敷衍他们，就如同年轻时候的我一样。那时的我也不能理解这句话，认为命运是我们所无法掌控的。我们活在这个世界上，总会碰到各种各样的事情，有些好，有些坏。我们对这一切的发生无从把握，不知道那些微渺而荒芜的细节是如何降落到每个人的身上，它们又将如何构成宏大叙事；不知道人怎么聚了又散，怎么来了又走，怎么爱了又恨；不知道这端陷落后，那端又将被怎样重构。但在这样无常又厚重的命运遭际面前，我们只能被动承受，迎头撞上。

那时候我相信了，人各有命，命由天定。

随着年岁渐长，旁观了一些他人的人生际遇，自己也经历了起起伏伏，这才真切地感受到，外界发生的一切其实都是因为某种频率，而这种频率是由你的内心共振而产生的。我们所经历的一切，绝不是无缘无故，而是你主动吸引来了这些事情。

举个最浅显的例子，比如你的感情总是不顺，经常遇到渣男，可能就是因为你自身能量太低，没有自我，内心又极度缺爱，所以会跟你发生关联的往往也是一些内心缺乏力量、人格不够完善的人。

然而，很多人常常意识不到这一点，或者潜意识里对此刻意逃避，他们只会抱怨命运的不公，觉得是自己运气不好。他们认为自己总是碰到这些事儿，都是命运的安排。实际上，命运一直在你的身体里，从来不在外面。你身体里某一部分"坏了"，所以才会一直碰到那些问题。你从未诚实直面的那部分自己，会变成你命运的一部分。

基于这个认知，我才意识到命运并非不能改变。人是可以去"设计"自己的命运、可以去主动改变自己的命运的，但绝不是采取那些乱七八糟的外在手段，而是向内看——觉察自身，并且对自己诚实。

对自己诚实，这是我——同时也是每个人——一生的终极课题。但几乎所有人都低估了诚实的力量，它是一种完全褪去自我的坦诚。它看似普通，却是这世上最微妙也是最广袤的美德。

好好想一想，你喜欢的、你想要靠近的东西，到底填补了你内心哪方面的空缺？你所恐惧的、让你觉得羞耻的东西，又是你身体里的哪个人格在呼救？你为什么会被激怒？你为什么会觉得受伤？

不要掩盖，更不要逃避，请直面你所遇到的一切糟糕的事情，它们都是你内心的投射。不要总是向外张望命运，要向内看到你内心的缺口，当你变得完整，命运就会因此不同。

我把电影《偶然与想象》里的一段台词送给大家："我不知道你的人生里发生了什么，但如果你周围的人让你觉得自己一文不值，不妨勇敢反击；统治者试图控制你时，不妨大胆拒绝。去拥抱只有你自己知道的专属于自己的价值，因为只有做到这点，我们才有可能在某个瞬间和某个人产生奇迹般的共鸣和共勉。它可能永远不会降临，但如果没有人做自己，它就肯定不会发生。"

就是这样。人只有做到了对自己诚实，才能成全自己。只有完全彻底地成为自己，奇迹才有可能降临。

所谓终极自由，是接受自己不被爱

某次与朋友聊天，他说了这样一句话：接受自己不被爱才是终极自由。当下里，我觉得他说得太好了，甚至于感到这句话说的根本不是单纯的爱与情感，而是整个人生命题的解题思路。

其实，绝大多数的人，包括我自己在内，都对被爱这件事有过很深的执念。对于曾经的我来说，比爱来得更早的一样东西必定是"害怕"，我会被爱裹挟着往前走，同时也被自尊拖拽着往后逃。我在自尊与爱之间从来找不到平衡点，那个重重的"自我"常常把我压得喘不过气。

当然，这种执着不仅在爱情中，我还希冀父母爱我、朋友爱我，一旦别人没有按照我的预期来给予反馈，"我"就会迅速崩溃，继而产生深深的自我怀疑和巨大的心理内耗，甚至一度陷入抑郁情绪。这种对"被爱"的强烈执念似乎是刻入我们骨髓的癔症，总想被爱，所以悲哀。

到底为什么会这样呢？

我觉得原因有如下几个。

第一个原因：自身的匮乏。

匮乏导致了不自信，所以你只能通过他人的肯定来确认自身的价值。

这或许跟我们小时候看的童话故事有关，在我们还是小女孩的时候，我们有很多 Role model，比如白雪公主、豌豆公主、灰姑娘、睡美人……在这些公主的人生中，你会发现，她们几乎什么都不需要做，只需要静静地服从拯救。甚至只需要沉睡，睡上千年万年，会有王子来把她吻醒。从来都没有真正意义上的考验，所谓磨难也不过是点缀、是铺垫，是为了让爱情这道迟早会降临的圣光显得更辉煌一些。

从小到大，我们听过太多诸如此类的"甜美"哄骗，于是我们就误以为爱是人生头等要事，我们只能从爱中找到自我价值感和人生的终极意义。很明显，这条路是走不通的。**一个人如果真的想要确认自身的价值，如果真的想要变得自信，只能通过做具体的事情、解决具体的问题来达成。**

这件事情不必多么伟大，哪怕是日常琐事都可以。如果你今天背了两百个单词，就会产生很强的自我效能感，这种自我效能感慢慢累加，就会让你越来越信任自己、越来越喜欢自己，自信就是在这个过程中逐渐形成的。

记住一点，他人的爱并不能帮助你确认自身的价值，广义的劳动和持续的实践才是有效手段。

第二个原因：别人对待你的方式，反映了你对待自己的方式。

因为这个世界其实"只有你"，你所面对的整个世界不过是你内心的投射。好好思考一下这两句话，或许你现在还不能明白它们真实的意思，但未来总有一天，这两句话会重新回到你的生命中。

01 别与自己对抗

上大学的时候，我看了《关于我们的爱情》这部电影，里面有句台词我一直记到现在："你觉得自己爱上了别人，实际上是你渴望被爱。"

在那一瞬间我突然明白，别人不爱你，其实反映的是你不爱自己，你如此想要被别人爱，其实是你很想爱自己。一切内在的需求都外化成了我们所经历的人生剧情。明白了这一点后，我豁然开朗。一切执念的解法都不是向外求，而是向内看——看清楚内在的需求、看清楚内在的伤口。

归根结底，还是那句我们耳熟能详的话：要先学会爱自己。如果你完全不知道怎么跟自己相处，不知道怎么爱自己，却把这些要求都强加到别人身上，让别人来做你自己都做不到的事情，这又何尝不是一种残忍呢？

"被爱"无法确认你的价值，但"去爱"却可以。今年于我而言，是非常特别的一年，因为我三十岁了。说句心里话，我没有任何年龄焦虑。相比之前几年在爱欲当中焦灼翻滚的状态，我深切地感受到身体里正在生发出一种力量，这种力量给我带来了近乎平静的自由。但是，这种自由并不是彻底远离爱的自由,而是不陷入被爱的执念,时刻拥有去爱的能力。

对于像我这样的体验派来说,主动去爱的人生一定比被爱的更值得选择,就像苏格拉底对斐德若所说的那样:"求爱的人比被爱的人更加神圣,因为神在求爱的人那一边,而非在被爱者那头。"

我经常对朋友说一个比喻:什么是爱情?爱情就是两个人的宗教,爱一个人就是在心里悬一尊佛,是我心甘情愿要上香的。或许佛从未应许我什么,但我勘破了,开悟了,从而完成了自我的修行。

因此,在我看来,"被爱"是最孱弱的,爱情当中真正重要的并不是有没有被爱,也不是所谓的"在一起""有结果",这些从来都不应该是值得我们去追寻的目的,成为更好、更圆满的自己才是。

如何摆脱
"道德感应激症"

我发现有个很奇特的现象,那就是几乎每个东亚女性身上多多少少都有一些"道德感应激症"。我小时候,一个认识的阿姨的丈夫出轨,两人离婚时,她偏要争一口气,为了证明自己的道德感比丈夫高,硬是没要一分钱。用她自己的话来讲:"我才不要他的臭东西!"呜呼哀哉!后来,她自然后悔不已。

还有一件发生在我姐妹身上的让人啼笑皆非的事情。她在某社交媒体上刷到了几个帅哥,就顺手点开来看了一下。结果,因为大数据,首页上就给她疯狂推送各种相关内容，好巧不巧的是，她男友就在身边，瞟到了她的屏幕。

其实，对方当时未做特别的反应，应该是并没觉得有什么不妥。谁知，她反而立刻对自己进行"道德审判"。她思来想去，内心的负罪感越来越强，最后居然直接把这个软件给删了，还来向我"忏悔"，说总觉得自己做了对不起男朋友的事。

我对她的做法非常诧异，她却揶揄我道德感太低。

不知道大家如何看待这两件事？

我始终觉得，大部分女性真的太习惯于自我批判和自我反思了。我们把人身上最自然的本能让位给了虚无的道德，甚至在心里供奉着一个莫须有的道德牌位。然而，我们却从来没有想过究竟什么是道德。

这里分享一段我很喜欢的话："人性的丑陋就是，当无权、无势、善良的人受到伤害的时候，却还要站在道德的制高点上，假惺惺地劝说无权、无势、善良的人一定要忍耐，一定要大度。"这就是虚伪的道德，它和美、善、德行根本无关，只是一种社会化的权力工具，有时甚至是一种阴谋，专门用来困住底层弱者。

听到这里，肯定会有人认为这样的言论是耸人听闻，但能理解的人知道，我说的是天道而非人道，天道是在人道之上的，它不贫瘠、不孱弱，更不虚伪。愚昧的人是看不到天道的，此时此刻，他可能还会跳出来破口大骂——你这个人怎么教人学坏？怎么教人做无德之人？事实上，我的观点恰恰相反，我比谁都更坚定地支持道德论，比谁都更推崇要做一个有德之人。只是我所信奉的道德不是虚伪的道德，也不是别人的道德，而是我自己的道德。它是我头顶浩瀚的星空，是我内心流露的良善，而不是绑在我身上的铁链。

其实，不管是男性还是女性，我觉得首先应该认清究竟什么是枷锁、什么是束缚，什么又是真正的道德。世俗的东西是否绑架了我，无谓的包袱是不是正压迫着我。

如果你听我说完这些，内心觉得困惑、震撼，人生观有崩塌之感，那么恭喜你，请抓住这些感觉，好好体会和思考，或许你的视阈就会从此不同。

我再次强调，我从来没有任何观点，因为我本人的三观是流动不息的。我只希望它们能带给你一些困惑——一些你过去从来没有意识到的、崭新的困惑，这就是最大的意义所在。

在此，我要分享一段多年前写过的博文：

> 给姐妹们的一个建议：不如试着去培养自己的男性思维。适度漫不经心，适度承认对自身道德危机的无能为力；不过分思考和陷入虚无主义，不期待任何一段情感关系可以改变、拯救自己；对"付出"保持警惕，更本能地去保护自己的切身利益；克服羞赧、克服抒情，以及控制过分泛滥的母性。

我很"自私"，但我了不起

心理学家亚伯拉罕·马斯洛曾说：人要有健康的自私。你是不是觉得很疑惑，自私不是一个贬义词吗？到底什么才叫健康的自私呢？

健康的自私就是当朋友叫你出去喝酒、蹦迪，而你并不想去时，你会直接拒绝。你丝毫不愿意把宝贵的时间和精力浪费在陪伴别人这件事上，你更愿意一个人读书、一个人运动，沉默而专注地做自己的事情，你的注意力只放在自己身上，你只在乎你自己的进步和成长——真的好"自私"。

当别人向你倾倒负能量时，你会立刻把这些东西挡在外面。你绝不牺牲自己的生命能量去喂养他人，你也完全不让别人侵害你、冒犯你、干扰你。你保护自我的那堵高墙筑得特别牢，一点入侵的机会都不给别人——真的很"自私"。

你甚至完全不在意别人认为你"自私"的评价，你拒绝讨好任何人，你觉得讨好型人格才是真正的懦弱，因为他们只敢对自己残忍。

当然，你对别人的事情也毫不关心，既不插手他人命运，也不八卦他人生活。甚至当你结婚、当你为人父母后，你也不会天天盯着自己的伴侣和孩子，不会要求他们的一举一动都符合你的期待。当然，你同样不会在他们身后亦步亦趋，不会这辈子都帮他们收拾烂摊子。别人说你冷漠、说你自私，你只是一笑了之，因为你心里明白，不随意插手他人的命运，克制自己"纠正"他人生活的欲望，才是真正的美德。

你无比明白，当你用自己的价值维度去定义别人的生活时，本就是一种高高在上的傲慢。或许人家就想过普通而简单的小日子，你却跑过去说："你怎么这么不努力！这么不上进！"换位思考一下，这就如同父母天天在你耳边唠叨的"我是为你好",听多了你也受不了。记住一句话:己所不欲,勿施于人。

你很清楚,每个人都有自己的人生课题要完成。虽然你现在介入了他的人生,看似帮他规避掉了一些困难,但实际上,那些他没有学会的东西,命运还是会换一种形式把这道难题再次抛给他,反反复复,直到他自己解决为止。你的好心阻拦并不能够真正改变什么,反而会使他的自我蜕变和觉醒来得更晚。

你也能清醒地认识到,你的视野存在极大的局限性。

去年我在外面上课的时候,老师说了一句让我醍醐灌顶的话:"缺点都不会是单纯的缺点,如果一个缺点对你一点好处都没有,那它在你身上是留不住的,不会长久存在。"

这句话让我思索良久,我突然想到自己有时候喜欢劝朋友分手,在我看来,她的男朋友就是一个缺点。但我没有意识到的是,这个缺点之所以能长久存在,就说明它一定能带来某些好处。正所谓存在即合理,我觉得他俩不般配,但在我看不到的地方,他们可能有更深刻、更牢固的联结；我觉得我的朋友在受罪，但可能她是为了避免受到更大的伤害。

我们永远逃不出自己视野的局限。所以，我们以为的"好"和"正确"，可能都是伪命题。我们以为的"善意"，可能只是一种刻奇心理，而我们以为的"冷漠"，或许才是真正的善意。

这就是一个拥有"健康的自私"的人，你不会委屈自己，不会允许自己为别人而活，同样地，你也不会去"绑架"别人，要求别人一定要为你而活。你能够很好地自我照顾，让自己变得更好，而不是总把自己当成一个"圣母"。

你清醒、包容，你和自己身上最真实的那部分人性和解了，你接受每个人都会有想要自我满足的需求，你不会用伪善的教条来框定自己、束缚自己，你先对自己有了真诚的慈悲，然后再传递给他人。

甚至当你为帮助别人而付出时，只是单纯因为你想要帮助他们，而不是仅仅因为无法拒绝，甚至想要讨好对方。这就是"健康的自私"，它跟善良毫不冲突，甚至可以说是一种人生智慧。

为什么你总有羞耻感

"吃相好看"是个陷阱

"我要悄悄努力,然后惊艳所有人。"

这是我本人非常不喜欢的一句话,只因它所反映出来的东亚价值观——我们从小到大被灌输的——努力是可耻的,甚至暗示着努力在一定程度上就等同于平庸,等同于笨。因此,根本没有人敢表现出努力,大家只想显得做成某件事是轻而易举的,这样才能凸显出自己的天赋超群。

这就是为什么我们在学生时代,经常会碰到一些在人前装作不努力听讲,但在人后勤学苦练到废寝忘食的好学生。

当我们步入社会后,这种对努力的羞耻感又演变成一种更为严苛的社会规训。倘若你在职场上表现得特别努力上进、积极争取,就意味着你这个人争强好胜。对,就是这样,可能每个人都在背地里暗自较劲儿,但放到明面上就是不行。如果你真的明目张胆地直接伸手去拿自己想要的东西,那你就是破坏了规则,就会被认为你这个人也太要强了,吃相真难看。在东亚职场中,大家默认必须维持那种假惺惺的体面,都得拘着,还美其名曰谦卑。

我们可能误解了谦卑

事实上,谦卑是一个完全被误解了的品质。谦卑说的是你什么都有了,但不傲慢,而不是在什么都还没有的情况下,为了显得体面而不敢去努力。幸好我本人天生"反骨",大概在青春期的时候就意识到了这种对努力的PUA,也花了很长一段时间去克服它、击碎它。

回顾我个人的经验,有以下两点可以与大家分享。

第一点，摆正对自身欲望的认知。

其实大家不想显得努力，归根结底就是不想让别人看出自己的欲望。我们从小受到的教育就是：人绝对不可以暴露欲望，暴露欲望就等于暴露了弱点。其实，欲望本身是中性的，只是一个客观存在而已，你怎么去使用欲望才决定了它的好坏。欲望不是人的弱点，你没有必要为其感到羞耻，你完全可以大大方方地说出"我想要什么"，甚至以我略显浅薄的人生经验来看，越坦荡反而越能得到。很多人会把它称作"吸引力法则"，但我觉得它就是一种很积极的心理暗示。

第二点，学会降低对自己的期待。

很多时候，大家之所以会有这种努力羞耻，是因为潜意识里觉得自己还没有获得什么成就，怎么敢表现出自己的努力呢？我们害怕遭到别人的冷眼和质疑——你的努力都去哪儿了？更害怕愧对自己所付出的一切。轻松一点吧，朋友们，人生有很多事情本就是徒劳无功的，你愿意去追求，愿意去尝试，就已经比很多人强了。他们可能会嘲笑你的努力，但在内心深处，他们也会对自己的懦弱无能感到懊恼。我们真正要做的不是不努力,而是适当放低期待,不去苛求结果,以及学会认可并感恩自己的付出。要坚信,积极进取就是一种健康、富有生命力的人生状态。

最后我想说,请大大方方、坦坦荡荡,用热情、欲望去驱动自己的人生,但求问心无愧,努力便不可耻。

我们的精力太宝贵了，
还是先用来照料自己吧

剩下的时间，都用来对抗生活的惯性

有天大概凌晨四点的时候，我一个人坐在回家的出租车上，沿途路灯的光影大片大片扫进车里，我把头倚靠在车窗上，心里突然升腾出一种熟悉却又久违的厌倦感：厌倦垃圾食品，厌倦劣质酒精，厌倦每个头昏脑涨的凌晨，厌倦这种被无尽的夜宵、酒局和手机辐射所包围的、油腻又慌张的生活。

其实，我已经有好几个夜晚曾在心里默默起誓，要断绝这种虚耗精力的生活，但第二天总会又出现一些"无法拒绝"的场合，一些"无法拒绝"的对话和一些"无法拒绝"的人。

生活总是非常容易就陷入一种找不到"着力点"的状态，不知道该往哪里使劲儿。这种感觉很像是手握一双筷子，去夹盆里的一颗鱼丸，可鱼丸太滑了，怎么都夹不住；很像吮吸一根开裂的吸管，不管你再怎么用力，也只是制造出一些难听的噪声。

想问问自己，已经有多久没有注视过自己的身体了。

没有问过它是否早已不堪那些油炸食物和糖精，是否需要停下来歇歇，是否需要一场清理。

已经有多久没有沉下心来看过书，没有沉下心来学习，学习新的技能，学习新的感悟，学习积累，学习创造，学习把外部的世界吸纳进来，然后内化成属于自己的力量？

已经多久没有想过生活里是不是有太多不重要的人和事物了？自己的身体、自己的生活，真的负担得了它们吗？

世界上很多东西的存在其实并没有意义，它们只会蚕食和消解你的精力。

而活着，很多时候只是一种惯性向前的状态。稍不注意，就会被自己之前的生活状态、被身边人的生活状态裹挟着前进。

生活最难最关键的部分就是真正把那些有限的、宝贵的精力都用来照料自己，用阳光和水分耐心地照料自己，把自己养成一棵枝叶繁茂的植株。而不是像我这样，像你这样，被人群包围，也被人群溶解，最后变成一道面目模糊的背景。

随着年岁增长，你会越来越发现，所谓人生，比的并不是其他东西，而是时间和精力。谁懂得把时间和精力集中用在正确的地方，谁就是赢家。

时间和精力是包裹在你柔软躯体内最坚硬的核，是你灵魂里的火焰，是 inner peace 的真正来源。它们这么珍贵，这么美好，这么有限，世界上只有一样东西配得上它们，那就是你自己。

这并不是一种"自私"，而是一种"自卫"，一种自我防御和自我保护的机制。

你已经没有这么多时间和精力可以浪费了,你需要学习、学习、再学习。你需要花更多、更多,再更多的时间和自己待在一起,而不是用来迎合外面的人、事、物。

一生的时间已经那么不够,你已经没有任何的一分一秒能匀出来给无关紧要的人了。

一生的精力已经那么不够,你已经没有任何的一丝一毫能被浪费在无关紧要的事上了。

人总要学会一个人吃饭的

记得一年前,我在朋友圈看到过这么一条状态:"年初一个人住的时候,没有人做饭。每天下班后就去楼下的港式茶餐厅吃饭,点了三个月的烧鸭饭,听了三个月的《他一个人》。"

不知道为什么,我的脑海中一下子就出现了他独自吃饭的场景。喧闹无比的茶餐厅，人们谈笑，杯盘相撞，融成了一幕巨大的背景。他坐在这个背景前，戴着耳机，隔绝了所有的喧嚣与热闹。只有老式的粤语歌，陪他一口一口吃下这盘烧鸭饭。

那样的场景太过生动鲜活，一下子就击中了我。我想起了那些独食的时光：在食堂一楼吃大碗羊肉烩面，吃完后才想起自己没带纸巾，只好带着油腻的嘴跑去上课；情人节的时候一个人去吃日料，老板娘好心送了一大块蛋糕，但却因为实在吃不下而浪费了一大半；跑去吃心心念念了好久的新疆餐厅，却发现每个菜都是超大分量，什么都想吃，又什么都吃不下，看着菜单纠结了大半个小时……

一个人旅行，一个人看电影，一个人学习，在我看来都不是那么难熬，唯有一个人吃饭。

曾经有段时间，如果找不到人陪我吃饭，我宁愿不吃。太尴尬了，这种感觉太尴尬了——当你走进餐厅，迎上服务员热切的目光，"请问，几位？"

当你坐在三三两两，甚至四五成群的聚餐的人旁边，大家都热热闹闹的，只有你是一个人。

当你跟一对情侣拼桌,他们恩爱无比,亲密无间,于是你只好假装低头吃面,只是为了不抬头看到他们的笑脸。

那时候我恐惧独食,无力面对一个人吃饭的无奈与辛酸。比起难吃的食物,更加难以吞咽的,大概是一个人的孤独吧。

后来,我出了国,开始了独居生活。一个人吃饭的问题也随之而来。

起初,我会跟隔壁的室友一起搭伙做饭,心想着"几个人一起吃饭,总比一个人要来得好些吧"。于是每天在厨房噼里啪啦、热火朝天,营造出一种群居生活的热闹假象。

但时间一久,各种问题接踵而来。一来,每天搭伙做饭实在是太浪费时间了,基本上除了做饭,其他什么事都做不了。二来,每个人的生活节奏、饮食习惯,都是不可调和的矛盾。你习惯在五点吃晚饭,但晚睡的我要到八九点才会想要吃一顿认真扎实的晚餐;我喜欢吃辣,但是你基本上一点辣都碰不了。没办法,最后大家还是分开吃饭了。

于是我又陷入了一个人吃饭的状态。但意外地，并没有想象中那么难熬，反而比搭伙做饭的时候自在多了。想几点吃饭就几点吃饭，只要我开心，半夜两点也可以吃晚饭；想吃多辣就吃多辣，多加几勺老干妈，吃起来才有滋有味。

后来，我渐渐发现，那些在国外生活了很久的人，大多是一个人吃饭的。以一个在我们学校读 PhD 的学姐为例，这已经是她来英国的第五年了。

每次在学校碰到她，她永远都是一个人。一个人在咖啡馆喝咖啡，一个人在食堂吃午餐，小小的个头，就那么一个人坐在那里，看上去很是孤独的样子，抬头跟我打招呼，却是满脸的笑容。

我也问过她：为什么总是一个人吃饭，不会觉得孤独吗？

她说："一个人吃饭有什么奇怪的吗？每天找人吃饭那多浪费时间啊，我还有好多事情要做呢。"

她说这话时的神态真是让我羡慕，那是一个足够成熟、足够强大的人脸上才会流露的神态。她不惧怕孤独，因为她自己就能给自己最大的安慰和安抚。她有自己生活的节奏，并且知道把最好的时间都留给自己。去学习，去锻炼，去做真正有价值、有意义的事情，然后活得更好。

原来那个一直不愿意独自吃饭的我，不过是个害怕独处的小孩。

可人总要长大的，人总要学会一个人吃饭的。

如果你觉得你的孤独难以忍受，那只能说明你和它相处得还不够长久。世上没有任何一种孤独是不容易被吞咽的，它们总有一天会被慢慢消化，然后流动在你的身体里，变成你身体的一部分。

就像周嘉宁写过的那样："每天我一个人走在路上，走过天桥，坐在车里，做饭，几乎一个人做所有事情的时候，就会有一种节奏，慢慢地从四面八方流淌过来，让我觉得这个世界以一种与以往不一样的方式存在着，我能够清晰地听到自己，听到自己的身体里也在发出与之相应的微弱的声音。"

我想，这段独居生活最好的地方，大概就是它终结了我那种混乱又慌张的状态，成功让我停了下来。

像是一个响不停的闹钟，突然被按了暂停键。我终于可以跟自己和解，在最平和、最舒适的状态里安静地躺一会儿了。

半年前的自己是断然不会相信，我居然愿意乘半个小时的公交去黑人区买最新鲜的牛肉，然后花一整个下午把它炖得软烂。愿意把难得的周日下午都用来做一个小蛋糕，然后盘腿坐在地上，打开自己喜欢的综艺，边看边品尝。

当然，也不会相信，原来一个人吃饭的时光，可以这么自得其乐，兴致盎然。

这就是现在的我，愿意一个人吃饭，并且享受一个人吃饭。这么短暂的生命，何必要让不相干的人来消耗呢？

"都留给自己吧。"我这样自私地想。

"女性独立"不是一句空落落的口号,也不是强调与异性割席。

我所认为的独立,首先是敢于从源头上尊重自我意志,承认自己合理的野心和欲望。

02

困境与出路

精神"断奶",
从有毒的原生家庭出走

这是我第一次讲述我原生家庭的故事。

很多朋友都觉得我应该成长在非常开明的家庭里,实则非也。我出生在一个十分重男轻女的家庭,但重男轻女的不是我父母,而是我的爷爷。作为实行封建集权的大家庭,爷爷就是家里绝对的掌权者,我爸爸是他的长子,也是独子。

奶奶生下爸爸后,得到了爷爷"赏赐"的一件貂皮大衣。要知道,那可是20世纪60年代——物质极其匮乏的时期,一件貂皮大衣是绝对的奢侈品。为了能把我爸爸养好，爷爷还专门请了保姆。

然而，在生完我爸爸之后，奶奶就再未诞下男丁，反而接连生了三个女儿，其中最小的那个姑姑，我从来没有见过——她在很小的时候就不幸离世了。这位素未谋面的小姑姑在整个家族里如同从未出现过，没有人提到她，也没有人祭奠她。我是在成人后因为一次偶然的机会，才得知我曾经短暂有过这样一位亲人。

可以想象，我的姑姑们生活在这样一个家庭里，是多么压抑和不自由。当然，我父亲也不轻松，毕竟作为独子的他担负着整个家族传宗接代的重任。

我父母是自由恋爱，他们结婚之后有了我，这原本应该是件非常值得开心的事情。然而，因为我是女孩，所以当爷爷奶奶在赶往医院的途中得知了这个消息时，就原路返回了。据说从我出生到记事，他们从来没有抱过我，爷爷不喜欢我，这很好理解。而奶奶一辈子都依附于爷爷，她没有自己的思考能力，也不允许有。

现在想来，我都觉得有些不可思议，我的奶奶好像真的已经连性格都丧失了，她是个"空心人"，一个连人格都被完全抹去的女人。

小时候，尽管和爷爷奶奶住在一起，但因为我们家的房子很大，平常也不怎么打照面。在我灰暗的幼年记忆里，最多的就是爷爷跟我母亲激烈争吵的印象。

他们几乎隔一段时间就要大吵一次。爷爷逼我母亲生二胎，但她坚决不答应。我母亲是一位非常倔强且很有脾气的女性，虽然她的心比谁都要柔软，但生活让她的外壳磨砺得很硬、很刚，典型的吃软不吃硬。

我记事特别早，甚至当我还被大人抱在怀里时那些零星的记忆片段，我都能回忆起来。我开口说话很早，据说我七八个月的时候就已经能说非常流利的长句子，这时，妈妈竟然会教我一些攻击性的话，而攻击对象是我的爷爷。直到现在想起来，我都还有点哭笑不得。

这样的日子一直持续到我五六岁，爷爷因病去世了，这本是一件令人悲伤的事情，但对我们整个家族来讲，都松了一口气。

爷爷去世后，变化最大的是奶奶，她简直可以说是从静态的"JPG"变成了动态的"GIF"，是的，她肉眼可见地活泛起来了。而妈妈和我的精神面貌也有了很大的改观，我也从此拥有了跟其他小孩儿差不多的童年。

对于我的过往，你们是不是感到很意外——原来我的原生家庭并没有大家想的那么幸福。尽管我爸妈非常爱我，但作为新手父母，他们当时的心智也还没有完全成熟，不知道该怎么跟孩子相处，表达关爱的方式有时候让我很难接受。

我记得很清楚，有一次我坐在妈妈自行车的后座上，不小心把脚伸进了车轱辘里，但她毫无察觉，甚至还往前用力蹬了几脚，以至于我的脚被夹得血肉模糊。谁知，她下车后的第一反应并不是关心我的伤势、问我疼不疼，而是骂我怎么这么调皮。

原本我是一个不怕疼的小孩，但她一骂我，我就委屈地哭了。这样的例子在我的童年回忆里可不在少数，我想在东亚地区长大的孩子，不少都会有这样的童年阴影。

我们就这样无知无觉地长大了。我以前从来都没有意识到原生家庭对我造成了什么影响，直到近几年，我开始内观、内省，觉察自己性格的问题和成因。

我发现这种影响不仅存在，而且已经深深烙印在我的内心，深远且不可磨灭。很多时候，我是一个特别不服输的人，甚至到了某种偏执的地步。上学时，我必须考第一，单纯就是为了赢；谈恋爱的时候，我也会带着这种好胜心态，爱不重要，赢才最重要。

于是，我开始思考：这一切是怎么形成的？

也许就是因为还是幼儿的我已经懵懵懂懂地感受到我的出生是不被欢迎的，在我后来的成长过程中，我都试图去证明自己的价值。然而，越匮乏越证明，越证明越匮乏。

此外，在我的青春期里，我跟妈妈也处于一种相爱相杀的状态，我很爱她，但又总是忍不住想要伤害她。我想，这可能是因为在我的潜意识里，始终认为是我的到来给妈妈带来了伤痛和苦难，由此我憎恶自己，而妈妈则成了我的镜像。这种憎恶有时候是向内攻击我自己，有时候则对外攻击她。

这就是我性格上最大的缺陷,这个缺陷多多少少受到了一些原生家庭的影响。很多人问我,如何处理跟原生家庭的关系?如何解决像鬼魅一样可能会伴随终生的原生家庭问题?

我开始一步一步自我拆解,也拆解我和妈妈的关系。

承认自己可能不被爱

我个人觉得,第一步是直视你的内心,抛开一切羞耻感,向内挖掘,找出你内心最深处的答案。

很多人非常忌讳谈论自己的原生家庭,会觉得这是一种隐私,甚至是难以启齿的羞耻。但是,如果你想要快速成长,就要去直面那些负面的情绪,尤其是恐惧和羞耻,这两种情绪对我们而言其实是最有意义的。因为那些越是让你感觉深受冲击的东西,越是让你觉得不舒服的东西,你就越要抓住它、直面它、分析它,最终解决它,将它内化为你灵魂的一部分。

我们要相信,这个东西之所以没有被你的自恋所接纳,是因为它的内涵足够大,才会让你觉得不舒服。你首先要做的，就是认清恐惧和羞耻背后藏着的东西，那恰恰是你整个人生最大的症结，而解题思路也隐藏其中。

我就是这样反复告诉自己的。我先承认自己的不被爱，我的出生没有受到整个家族的欢迎。

然后，我慢慢看到了自己性格中过于激进的那一面来自哪里，我和母亲之间关系的负面状态又是因何而起。这个过程并不好受，它需要一个漫长的时间去消化。

或许你们会说，我承认了，也接受了，但这还并不是真正意义上的承认与接受，当你真正做到了承认与接受，你就不会再对自己的原生家庭抱有很激烈的负面情绪。

如同我对我爷爷，哪怕他对我冷漠至此，我也一点都不怨恨他，甚至觉得他也是某种意识形态的受害者，是封建礼教的牺牲品。倘若他可以挣脱时代的局限性，那么在他的后半生，一样可以享受到天伦之乐。很遗憾，他错失了这个机会。

我与我妈妈的关系也是如此，当我承认和接受了自己潜意识里的狭隘想法，不再执着地认为我曾经给她带来过苦难，我们的关系确实缓和了不少。

总的来说，我还算是幸运的，我挣脱了内心的自我束缚，我的原生家庭也就不那么糟糕了。当然，我知道有很多人的原生家庭比我糟糕得多，甚至可能已经是不可救药的地步了。接下来，我会给出不一样的解决方案，但第一步都是一样的，即我们要承认这份伤痛的存在，然后直视它、超越它。

试着反向教育父母

我从十几岁起，每天都会在饭桌上向我父母灌输自己的价值观，并且告诉他们一些当下最提倡的理念和生活方式。

起初，他们对我所说的内容完全不接受，我也不确定他们到底有没有听进去。但是，我从来没有放弃，一直坚持反向灌输，渐渐地，我能察觉出父母的传统价值观开始有所松动了。

举个最简单的例子，我高中时有个好朋友是多元性别者,以我父母的保守程度,是绝对无法接受的。于是,我就天天跟他们讲,这个世界有着多元价值观,每个人都有权利去选择不同的生活方式。幸福人生不只有一个模板,不是每个人都要按照约定俗成的规矩去生活的,我们只来人间活这么一次,要最大限度地体验到快乐和自由。

这样的话我可能说了成百上千次,他们还真就慢慢放下了成见,大学时,我还会带这位朋友回家一起玩。

破除父母的性别理念之冰只是其中一个例子,因为很多观念是相通的,当他们开始接受这个世界上有多元性别后,也就意味着他们能够接受世界上其他的生活状态和价值取向。

如今,我到了三十岁的年纪,他们并没有过度催婚催育,我妈妈甚至还表示,在国家政策允许的情况下,她非常支持我单身生育。那一刻,我感到自己多年来的反向输出没有白费。

这里涉及一个很容易被我们忽视的事实,那就是一个人的观念是受到他的信息摄取方式以及周遭环境影响的。过去,我们的父母思想落后保守,正是因为他们天天都跟

02 困境与出路

七大姑八大姨打交道，接触到的都是一些循规蹈矩的狭隘思想。他们的偏见是时代和环境造成的。如果他们也能每天都看各种不同的书、关注思想比较开放的博主、通过网络了解最新的资讯，说不定会比我们还要前卫。

所以，千万不要放弃他们，你可以像教育孩子一样，锲而不舍地反哺给他们时代的信息，这才是真正意义上的孝顺。我从来不觉得凡事按照父母的意愿去做，甚至按照父母的意愿去过自己不喜欢的人生是孝顺，这是愚孝；真正的孝顺是帮父母开启新时代的大门，帮助他们突破自身的局限——看到一个更广阔、更自由的人生。

变强

紧接着是很重要的——变强，各种意义上的变强。

很多人总觉得父母对自己的管束太多，各种大事小事，他们都要来插手。这是因为你们之间的相处模式早已成型了：你搞砸的每一件事情，都有父母帮你善后。

我曾经很认真地思考过，我父母为什么会愿意放手让我自己去选大学和专业、决定是否出国留学，以及选择在哪个城市生活、结不结婚、决定跟谁结婚等，这些事情他们都全然放手。我觉得最重要的一个原因就是，从小到大，只要我认定的事情，我哪怕跪着也会把这条路走完，从来不会让我父母操心。

如果我妈让我选A，我选了B，结果我在B撞了南墙，满身是伤，我也不会哭着找妈妈寻求帮助——这种事情在我身上从未发生过。我的个性就是如此，既然是我自己选的B，我就要为这个选择负责到底，也正是因为这一点，我很早就做到了真正意义上的独立。

说句不中听的话，很多人所宣称的独立压根就是假的，只是想要跟自己的父母对着干，享受那一瞬间的叛逆罢了。但是，当需要他真正为自己的选择负责时，他就会毫不犹豫向父母呼救，希望他们伸出援手。如果你是这样的人，那就不要怪你的父母过分干涉你的人生，因为你不能一边追求着所谓的自由，一边却安心享受他们的辛勤付出。

如果你真心觉得父母不能理解你，不能支持你的人生选择，那我告诉你另外一条路——实现对他们的全方位超越。我身边那些不婚不育、过着世俗眼中离经叛道的生活的朋友，几乎都是在家中掌握绝对经济权和话语权的人。比如说，他们的收入是父母的上百乃至上千倍，他们的事业成就是父母努力十辈子都无法达到的高度……诸如此类。

当孩子处于家庭关系的绝对上位时，自然就拥有了某种程度的自由。

我这么说你们肯定觉得很冷酷无情，也许有人还会质疑：我们跟父母之间难道不是亲情吗？不是爱吗？为什么还存在这种权力关系？如果还不信的话，那就不妨试一下，当你突破了自己的圈层，在事业上完全超越了父母时，想必他们将很难干涉你的人生。

合理求助

最后，如果你的父母已经恶劣到了完全不可救药的程度，例如有嗜酒、赌博、家暴等情况存在。那么，如果你是未成年人，我希望你在遭受到伤害后，可以第一时间寻求法律和相关社会组织的帮助。你要努力成为自己精神上的父母，像路边的小野花一样顽强生长，一定不要放弃希望。在坚持学习的同时，也要学会自救的本领，未来肯定会越来越好的。

我认识一个00后的小妹妹，她是个极其聪明的孩子。她的原生家庭很糟糕，所以虽然她学习成绩很好，却没有机会参加高考，只能在便利店兼职打夜工，经常遇到骚扰。但她从来没有放弃过自己，仍坚持不辍地读书、写作。我看过她十几岁时写的小说，真是让我自愧不如。

后来，她得到一位贵人的资助，出国留学了。我从她身上看到的是什么？一方面是坚强、乐观，绝不轻易放弃自己；另一方面就是她狠抓学习，不断地通过读书富养自己的内在。物质生活已经很贫瘠了，那就必须让自己的灵魂丰富起来，这样的人生才会有希望。

记得有一次我跟一位出家师父聊天，我问他老家是哪儿的，师父说出家人没有故乡，也没有父母。我当时就觉得他很冷漠，但接下来，他说了一句让我醍醐灌顶的话：天下每处都是我的故乡，天下每个人都是我的父母。

这句话对我的冲击真是太大了。当你学会用一个更高的视角去看待你的父母和原生家庭，就不会再执着于跟他们对抗和缠斗。你蔑视，你因此自由，甚至你都不会局限于只有这两个人是我的父母。

我非常鼓励这类原生家庭完全不可救的朋友在成人之后一定要远离家庭，勇敢地出去闯荡，走得越远越好，不要被所谓的亲情、道德绑架。只有用爱和亲情滋养过你的人，才能算是你的亲人，互相给予的感情才叫亲情，否则顶多就是生物学层面的基因供给者。

反之，你碰到的很多人，如果对你的成长有帮助的，你都可以看作是你精神层面的父母，因为他们造就了更好的你。甚至你今天看一本名著，觉得自己的灵魂因此得到了升华，那么，这部名著的作者也是你的父母。

所以，你千万不要妄自菲薄，觉得自己不被爱。正如师父所说：普天之下，每个可以给你带来力量、让你汲取能量的人都是你的父母。你可以是宇宙之子，你也本就是宇宙之子。从这个维度来说，你真的可以得到来自全世界千千万万父母的滋养。

只要你想，你就可以得到无限的爱。

原生家庭的痛真的很难消解，不如先尝试着把它说出来。加缪讲过："人们的不幸源于他们没有使用一种清晰的语言。"这句话是什么意思呢？那些语言无法触及的地方才叫痛苦，当你把它说出来的那一刻，或许就已经在溶解它了。

"女性独立"
不是爽文式口号

女性主义不是口号

"一心搞钱,远离男人",又是一句我非常讨厌的话。在我看来,不管是恋爱还是赚钱,都是人在探索自己与这个世界关系的过程,是一种手段,而不是目的。我们为什么不能金钱和爱情二者兼得呢?它们之间从来都不是只能取其一的选择。

"一心搞钱,远离男人",听上去似乎是在宣扬女性独立,其底层逻辑依然是希望女性继续让渡权力而使用的话术,我再强调一遍:钱和爱,我们可以都要。

虽然现在某些人在污名化恋爱,但在我的观念里,爱的能力是排在赚钱能力之上的。会恋爱,其实包含两个特别重要的东西:一是坦然被爱,二是勇敢去爱,能够做到这两点的人,大多内心舒展、有底气,同时,他们身上还保留着勃发的欲力和粗犷的生命力。拥有这些品质的人,无论对自己还是对爱人,都会有一种坚定的忠诚,他们一定可以把世俗的规则运用得很好,赚钱不过是众多人生游戏之中玩的人比较多的一种。

如果我们的思考再深入一些,为什么类似"一心搞钱,远离男人"这样二元对立的口号会如此深入人心呢?

这体现的恰恰是社会的整体价值观,似乎金钱或者男人应该成为女性人生的目标,而我们个体的所有努力都是为了靠近这个目标、达成这个目标而服务的。殊不知,这样的理念完全是本末倒置,我们应该反过来把自己当成核心主体,所有的行为、努力,都是为了探索与世界的关系,都是为了自我提升、自我重塑,以期塑造一个更好的自己。

钱财、男人，或者其他任何东西，不过是在自我提升中获得的额外奖励。我们要把这个主客体置换回来，时刻保持自我主体性，让万物皆为我所用。

我真诚地希望大家少喊一些这种空洞又无用的口号，保持自己的独立思考能力。

远离男人就是女性独立吗？

爱情是人生中非常宝贵的一种体验，因此，我总是劝诫大家不要盲目听从那些似是而非的说法，因而放弃了自己享受爱、体验爱的权利。为此，很多人给我扣上了"媚男"的帽子，指责我总是站在男性的立场说话。

为什么会有这样的声音出现呢？让我们换个角度来探讨这个话题。近年来，影视界出现的很多所谓的"大女主剧"，剧中的女主角独立、自信、近乎完美。可是一旦我们细究其本质，就会发现这是一种狡猾的迎合当下女性意识觉醒思潮的资本手段，无非是在剧本表现形式上做出了改变，但内容本质还是以前那些古旧的糟粕思想，只是换了一个名为"大女主"的新瓶子而已。

如此肤浅且标签化的"糖精人偶",却成了我们的Role model,我们就这样被引向了恐弱的另一面——慕强。于是,我们所追求的人生角色转换成了那种毫无破绽、表面强大的人设,不允许、不接受一点点弱的范式。然而,我们这种对"假强"的过度追求,是否也走到了初心的反面?

记得戴锦华老师说过这样一段话:"女性主义不是女人主义,当女性不单纯等于女人,而是成为从弱势者、被压迫者、被放逐者的角度,去看待世界的可能性的时候,女性成为了一种资源、一种思想的提供者和创造者。"

我非常赞同她的观点,在我眼中,女性主义绝不是"假强",而是多元、包容,是建设一个弱者也能得以生存的环境。你当然可以强大到熠熠生辉,但与此同时,你也拥有可以不那么强大的自由。哪怕今天的你平平无奇,无法做到强大独立,你同样可以得到尊重和接纳,这才是我们应该共同追求的目标。

基于以上观点,我希望以后大家对待依然想要追求爱情的女性,不要动辄就苛责其"媚男",也不要一看到已婚女性，就高高在上地骂她们。真正的女性主义是向彼此伸出援手，而不是带有优越感的宣泄式指责。

不要污名化爱情

当今社会总给我一种感觉，如今的年轻人是没有爱情的一代人，整个社会趋于低欲望化，个体也逐渐开始向内闭合。相比于现在的年轻人，70后和80后在十几二十岁时拥有更加自由和开放的心态。

不信？你们可以去问问自己的父母。

从某种程度上讲，我们确实在倒退。这并不稀奇，毕竟人类历史总是呈现出螺旋上升的态势。但让我感到惊异的是什么呢？是当下年轻人身上呈现出的一种荒诞的撕扯感。

一方面，他们接受了新自由主义的思想，性别意识也越发强烈；但另一方面，他们对于这些思想的认知又显得较为片面、肤浅，尤其缺乏坚定的自我内核来消化和践行这些先进思想，久而久之，他们就很容易走向另一个极端。明明是"爱无能"，却要激愤地通过对爱情的污名化来自欺欺人，自我洗脑说这个世界上根本没有爱情，有的都是算计和利用，异性全都很糟糕、靠近异性就会变得不幸，等等。一时之间，"骂男人"成了流量密码，网上很多在教大家不要恋爱的热门话题，精致的利己主义者反而得到了人们的争相夸耀。

说实话，我很理解大家想要自我保护的心态，这是人性的本能。我也不认为爱情是值得我们花最多力气去追逐的唯一价值目标，有很多东西同样很重要，比如说个体生命的自由度、恰如其分的自尊、健康可控的情绪、不依靠任何东西就能获得的安全感、持续而真诚的创造力，以及小到日复一日的实践等——在我心中，它们才是生命真正的"酵母"。但是，我这样说绝不是要你们把自己完全隔绝于爱情之外。当你碰到一个很好的人，并能够与其产生一段非常深刻的情感联结，如果你因关闭心门而错过，那将是非常可惜的事情。

我依然深信爱情是我们生命中难得的美好体验，真正的问题在于——不要恋爱脑、不要在爱情中过于迷失自我，而非拒绝去爱。 爱情本身没有问题，只是很多人还没有学会分辨什么是爱情，什么是"爱的赝品"。他们不善识人，不懂如何筛选对象，所以总是碰到那些以爱为名的精神操控和打压，这就是我所说的"爱的赝品"。

这里，我想分享给大家两个关于爱情的观点。

第一，不要把自己献祭给爱情，而是要让爱情来成就你。

我们打开内心，感受爱情，是为了能够认识到自己的局限性，从而让自己不再自恋。两个人相爱，并不是去接纳对方的自恋，也不是为了追求所谓的一体性，而是在彼此的自我激烈交缠的过程中，把自己"打碎"，然后重塑出一个崭新的自我。借由这个过程，你不仅完成了对自我价值的拓展，也实现了人生真正意义上的自我革命。

真正的爱是会让人成长的，而且是精神上的成长，你会体验到一种无上的英雄主义。爱一个人的过程如同探索新大陆，你必须带着奋不顾身的勇气启航，进入那颗荒芜而广袤的心，去登上那些从未有人涉足的海峡、高山和平原，找到那颗心中的处女地，然后以你的名字为之命名。

真正的爱情会让人变成勇敢的骑士、坚毅的航行家，但只有当你极其勇敢，才能够与这样的爱情相遇。这才是爱，它能勇健你的内心、提升你的精神韧度，它不会让你陷入深不见底的沼泽，而是会帮助你缔造出完满的人生。

第二，总是碰到"爱的赝品"，是因为低估了爱情的门槛。

爱情有着很高的门槛，它只能发生在两个都很美好的人身上，它的发生需要很多优秀的品质作为支撑，比如真诚、善良、勇敢，等等。刘瑜老师曾谈及一个对"爱"的定义："True love is love for humanity."这句话怎么理解呢？她认为："只有真正爱人类的人才可能爱上一个具体的人。就是说当爱上另一个人的时候，这份爱是在表达这个人靠近真善美的决心，就是说爱是一种能力，而不是一个遭遇，就是说真正的两性之爱是对正义与美之爱的一个分支。"

让我们回到最初的问题，如何才能避开爱的赝品？如何才能遇到真正的爱情？解决之道只有一个——让自己变得更好，让自己的灵魂拥有真、善、美的质地。若能如此，哪怕最终没有这份幸运与爱情相遇，至少也收获了一个更好的自己。

女孩子缺乏的"凶猛教育"

2023年年初,《狂飙》火遍全网,我也跟风追剧,其中最让我惊喜的是陈书婷这个角色,她身上那种呼之欲出的"Alpha气质",完全消解掉了影视剧传统女性角色那种"小白花"式的,只需要静静服从、等待拯救的形象。在影视剧女性角色的塑造上,我终于看到了力比多的影子——这种弗洛伊德所讲的原始欲力和生命力,赋予了陈书婷区别于传统女性角色的独特魅力。

除了极强的个性张力,陈书婷还有着极其聪明的头脑,可以说是集智慧、美貌与攻击性于一体。

困境与出路

对于女性来说，智慧与美貌这两种特性并不少见，但为什么这里要提到攻击性呢？因为这恰恰是我们东亚女孩身上相当欠缺的。总有人说我"凶巴巴"的，每当听到这样的评价，我非但不会生气，反而还挺开心的。谁说女孩一定要温柔听话又乖顺，我们完全可以凶一点、狠一点、拽一点，哪怕浑身上下充满"杀气"，我都觉得 OK。

陈书婷就是一个很好的例子，她身上那股子飒劲儿，让她浑身散发出"姐不好惹"的气场，这正是一个很高的筛选机制。普通男人倾向于更加安全、易于控制的选择，他们的口头禅是"女人太强势不好"。其实，从来都不存在强势的女人不好，而是某些男人太自卑，内心的怯弱和恐惧使他们配不上强势的女人，所以才要对其污名化。只有内核真正强大的男人，才能够欣赏这种有个性、带有攻击性的女人，因为他们不自卑，不需要有人托举他们渺小的自尊。

你们千万不要怕在生活或者工作中得罪别人，一个具备思辨能力，并且真心对你好的男人，是不会被你的强大气场吓跑的，因为他真正看重的是你的价值。你的强势不仅是你的保护色,还是你筛选别人的显影液。

谈恋爱的时候,就更应该张扬个性了,完全没必要曲意逢迎,没必要非让自己显得乖巧、甜美又可爱。说句不中听的话,倘若你在爱情中一直表现得畏手畏脚,那么,你在这段关系中的价值感将会非常低。

不要讨好,拒绝听话,不用怕这样的自己会显得特别"扎手"和不可爱,而让大多数男性丧失好感并敬而远之。相信我,大胆一点,那些跳出来指责你"怎么这么凶,这么不听话"的男性,本就不该在你的择偶范围之内。

除了上述说的这些,Alpha女身上还有个很大的特质,那就是"坐庄气质"。什么叫坐庄气质呢?就是能给人一种很强的掌控感。

《狂飙》里高启强真正改变命运的时刻,就是他向泰叔下跪的那一刻——这一跪,跪出了一整个强盛集团。可是不要忘了,是谁给了他这个下跪的机会呢?正是陈书婷。她这么做并不是出于恋爱脑,而是她需要泰叔来成就高启强,从而达到制衡高启强的目的;同样地,对她来说,高启强也能起到制衡泰叔的作用。所以,这张桌子上坐庄发牌的人是她，两位玩家中间的制衡点也是她，所有人玩的都是她手里发出的牌。

大胆越界，是 Alpha 气质的又一组成要素，《狂飙》里有两场戏，在我看来很值得玩味。一场是陈书婷拿领带勒高启强，他没有认尿；还有一场是陈书婷当面取笑高启强穿的西装不合身。

这两场对手戏很妙，陈书婷激发的是一个人身上最隐秘的两种情绪——愤怒和羞耻，在这两种情绪下，人会暴露出最真实的自我。陈书婷通过大胆越界的手段，摸清了高启强人性的底色，更厉害的是，她在考验高启强的同时，还迅速把二人的关系拉近了。只有当一个人触及另一个人最深层的情绪时，两人之间才会产生不为他人所知的勾连。这就是为什么谈恋爱的时候，我们会分享自己的童年、内心的创伤，甚至自己不堪的过往，因为这些东西最能激起深埋心底的隐秘情绪。

爱，说白了，就是一种复杂的、失控的情绪。

最后，我想借陈书婷的例子，替所有看起来很强势的

Alpha女澄清一件事。

有很多人说陈书婷太清醒、太冷漠、太知道怎么利用男人，似乎她的内心完全没有感情。不，她是爱高启强的，只不过她同时也有自己想要守护的东西。她爱，但爱不是她的全部，爱排在自我的后面，在那些她想要守护的东西的后面。因此，我们要学会抛弃二元对立的思想——抛弃看待一个人要么特别冷漠，要么就是纯粹恋爱脑，完全没有中间状态的做法。事实上，一个有魅力的人格，一定是多种矛盾力量的平衡，她有善也有恶，有雷霆手段，也有似水柔情。如果书婷无情，那她只能作为配角，在剧中出现几分钟；恰恰是因为她有情，她才能成为大嫂，才能成为这部剧不可或缺的灵魂人物。

大家一定要明白，拥有顶级"杀伤力"的武器绝不是无情，而是有情。这种"情"往小了说是男女之情，往大了讲就是江湖义气。

我前面讲了很多Alpha气质，但真正强大的女性身上一定是有侠气的，她们会爱，但绝不为爱失去自我。在一起的时候肝胆相照，离开时也决绝坚定，这才叫拿得起、放得下。如果你觉得自己软弱拧巴,输不起又放不下,那就好好学一下陈书婷,当你练就雷霆手段,又能心怀慈悲心肠时,才是真正强大的 Alpha 女。

有野心，不羞耻

我二十多岁的时候，说话特别刻薄，二十三岁时说的那句"你因欲望在这个世界上受的苦，不要怪到梦想头上"，当时流传度非常广。

现在七年过去了，我的人生观、价值观都有了革新，特别是自己这些年来女性意识的觉醒，我不再对欲望和野心抱持特别敌视的态度。甚至可以说，我觉得欲望和野心这两个词语隐含着非常微妙的性别分化，它在男性和女性身上得到的社会评价是不一样的。

对男人来讲，欲望和野心意味着褒扬和推动力，可是

02 困境与出路

这二者一旦放在女性身上,往往就隐含了贬义和束缚。一个男人如果不安于现状,是一个有欲望的野心家,大众对于这个男人就会抱有赞美的态度,大家都接受甚至推崇男人就该有欲望、有雄心。你们看,雄心这个词甚至是以雄性为代表,这就很有意思了。

可是,如果说一个女人野心勃勃,那就不是一个褒义词了,甚至还含有一定的贬损成分,人们往往会评价她"很厉害、有心机、有手段"。

注意,厉害、心机、手段,这些词语本身都是中性词,甚至是偏褒义的,但在现实生活中,如果这些词语被用到女性身上,那几乎就可以断定是贬义的。

说到这里,我们不得不提到邓文迪女士。对于她,大家可能一边羡慕其传奇人生,一边又忍不住在心里贬损她,不齿于她的野心和手段。

男人会说:我找老婆才不要找这种不安分的。

女人会说:我才不要像她那样,太有心机了。

事实上,这种不齿和不屑只是弱者的道德自洽,因为他们什么都没有,什么都做不到,所以只能给做到了的人扣一个"太有野心的坏女人"的污名，然后再用一种自以为是的道德感安慰自己——我之所以不能成为邓文迪，是因为我太有原则了。

在这样的社会大环境下，女性所要承受的已经不仅仅是所谓的"荡妇羞辱"了，还有人们对野心的贬低毁损。相应地，在这种环境下求生存、谋发展的女性，就被迫呈现出一种非常拧巴的状态：一方面，她们想要上进，想与男性争夺有限的资源；另一方面，她们又接纳不了自己的野心和欲望，就很容易陷入对自己的道德审判——"我这样会不会显得太好强了？""我还是不是一个温良恭俭让的好女人？"

更有甚者，我还见过一些女性会因为自己特别会赚钱而感到羞耻。

我家族里有一位婶婶，早些年下海经商，因为吃到了时代红利，赚了不少钱。然而，就是这么一位在外独当一面的女强人，与她那位赋闲待业、只知道喝酒打牌的老公相处时，却还要伏低做小。

让人感到无比吊诡的是，她的羞耻感竟然来自她不那么"女"。她僭越到了一个所谓"雄竞"的世界，并且还获得了本不该属于她的利益。在这个家庭结构中，原本应该作为经济支柱的丈夫的职责，被她"抢夺"了，所以，哪怕她为这个家带来了很大的经济效益，她也觉得在情感上伤害了丈夫，让夫权受到了侵犯，她不得不付出更多的情绪价值去维护丈夫脆弱的自尊心。

除了社会强加在女性身上的"僭越羞耻"，其实还潜藏着一种针对女性的"金钱羞耻"。大家想一想，物质女、拜金女、嫌贫爱富，这些词是不是习惯于作为标签贴在女性身上？我们很少会说"拜金男"，因为社会默认男人谋取金钱资源是天经地义的，但女性爱钱却成了一种令人不齿的反道德行径。

正如我之前反复强调的那样，金钱、欲望都是非常中性的东西，它们本身不带有任何道德属性，怎么使用它，才最终决定了它的性质。很多人厌恶金钱，其实厌恶的不是金钱本身，而是隐藏在金钱背后的那些东西，比如，因欲望过度膨胀而丧失了人性、畸形物欲下错位的价值观，等等，这些才应该是令人为之感到羞耻的。

女性大大方方参与社会竞争，靠自己的双手清清白白挣钱，我们向往财富、权力、名望，我们拥有金灿灿的野心，完全不必感到可耻。

综上所述，首先，我们应摆正自己对欲望和野心的态度，及时识别其背后所隐含的性别不对等的关系。

有这样一句话说得很到位："如果一项美德只有女性需要具备，却不同样要求男性，它的实质就是一个阴谋。"同样，如果一种品质放在男性身上是美德，放在女性身上就是缺点，那它的实质也就是一个阴谋。

其次，我们要勇于打破性别枷锁，学会为自己松绑。我希望大家能明白，女性完全可以做个野心家，大大方方、坦坦荡荡，只要问心无愧，便不可耻。

穿芭比裙的
六边形战士

那天,我突然发现伊能静关注我了。我一直都很喜欢她,一个有点小矫情但善良又充满智慧的女人。不知道大家对她的个人成长经历了解多少呢?实际上,她的人生路径对于那些原生家庭很糟糕的女孩来说,是一个特别好的参照和榜样。

首先,你可以随时停止用原生家庭来诅咒自己。

很多人都觉得自己的原生家庭很糟糕,那就听听伊能静的故事吧。她是家里的第七个孩子,七个都是女儿,所以她的父亲在她刚出生时，就决然抛妻弃女，去外面另找可以为他生下儿子的女人。

十四岁时，伊能静就要在外面打工，靠洗盘子补贴家用，还要跟随改嫁的母亲远赴异国他乡，过寄人篱下的生活。这就是构成她生命底色的童年，充满了流离、躲避和自我憎恶。她的自我憎恶在于要背负父亲因她的出生而离去的愧疚、自责和羞耻。别的孩子拥有的爱与温存，于她而言竟如高原上的空气般稀薄。然而，即使这样，她也没有被原生家庭消蚀掉，依然把自己的人生过得生机盎然。

我很少见到完美无瑕的原生家庭，每个家庭或多或少都会有些问题，包括我的。但是，很多人在责备原生家庭的时候，只是把它作为一个逃避人生的借口。可能等他到了七八十岁的时候，还在抱怨自己过得不尽如人意都是因为原生家庭太过糟糕。

我们很少会想到：既然我的父母没有好好爱我，那我就该加倍爱自己。更何况，父母二字并非一定指亲缘上的关系，我照样可以从这个世界汲取我想要的养分。

当然，我这样说并不是要粉饰任何一个人的苦难，我也从不认为伊能静的原生家庭一定比你我更凄惨，因为痛苦是无法被比较的。只是很多伤痛既然存在了，就意味着是我们必须面对的命运，无法幸免。如果你一直谈论它、执着于它，你就是在不断为这份痛苦支付利息。一次次的谈论甚至会反过来变成一种自我诅咒，使得你与你的原生家庭绑得更紧。我们能做的不是责备它、逃避它，而是正视它、超越它。它可能会永远存在，无法被抹去，但它可以被你有意识地加以稀释，直到它的浓度已经无法使你再感觉到伤痛。

接下来，我们来聊聊如何用知识和创造最大限度地激活你的生命能量。

很多人都知道，那首脍炙人口的《春泥》的歌词是伊能静写的，但不仅如此，她还出版过很多本书，文笔很好。我看过她几年前上TED演讲的视频，表达能力一流，这肯定是有一定知识储备才能做到的。

据说她年少在台北伴唱的时候，别人都在后台打麻将，只有她缩在墙角里看张爱玲的书。我不知道这个故事的真假，但我的脑海里经常会浮现出这个如同电影的画面。一个原生家庭如此糟糕的女孩，依然不放弃对真、善、美的向往，书中的文字给了她一个遮风挡雨的港湾，带她暂时远离了这个疯狂而又充满破坏力的世界。

每一个不是一出生就在罗马的女孩，如果你真的想靠自己的力量改变命运，厮杀出一条生路，真的只能靠学习，不断地学习、持续地创造，知识可以盘活你的人生。千万不要去听信一些所谓可以靠男人和婚姻改变命运的鬼话，都是胡扯，这些压根不是捷径，而是险径、歧途。你看到的那些靠婚姻改变命运的女性，其实真正靠的不是婚姻，而是她本身就很厉害，哪怕没有婚姻，她也可以活得风生水起。归根结底，还是只能靠自己。

此外，千万不要觉得没有文化的人不痛苦、活得越清醒才会越痛苦，这也是骗人向下堕落的假话罢了。没有文化的人不是不痛苦，而是他无法指认自己正在承受的东西是什么，他喊不出痛苦的名字，他对痛苦甚至都没有表达力。他只能匍匐在地，一味地承重。

人啊，一定是越清醒越幸福的，请你相信，这一点毋庸置疑。

最后，我们一定要保护好自己的生命力。

伊能静出道很早，跟她同期出道的老牌艺人早就已经被遗忘了好几轮，但她依然活跃在幕前，唱歌、演戏、出书，积极更新社交平台。

如果说女人身上有一种特质最重要，一定不是美貌，而是生命力，这种生命力并不完全等同于精力，而是更接近于耐力和韧劲。 能折腾，也能经得住折腾；能和这个快速变化的世界兼容，却不会被轻易同化，这是一种生命形态上的健康，是广泛而持续的能量来源。

毋庸置疑，伊能静是很有生命力的，她所拥有的是一种比较野性、比较草根的生命力。在很多人的观念中，甚至会觉得这种生命力有点侵略性，会被视作不太体面的生命力。很多人不太喜欢一个很努力、不服输的女人，这本质上也是一种厌女。但是我们要知道，当别人用各种手段来压制你的生命力时，你要努力保护好自己的这份力量。未来，如果你想一次次救自己于水火之中，能让你置之死地而后生的，只能靠你的生命力。

如果有机会，大家可以去看看伊能静在一些采访中表达的关于养育孩子的一些观点，我觉得她说得非常好。你会看到一个没有被好好爱过，却比谁都懂得该怎么好好去爱下一代的女性。这就是她通过后天的自我成长所生发出来的智慧。因此，最好的爱是一种极其深刻的智慧。愿我们都能学会自爱和爱人。

不做公主，
请做女侠

很多女孩子喜欢称自己为"公主"，我个人不太喜欢用这个词形容自己，因为它似乎暗含着一种释义：我是珍贵的、是脆弱的、是需要被保护的。

我认为，越是底层出身的女性，身上越要带几分侠气。不需要用温柔贤惠之类的品质来要求自己，也不要去对标那些天生的公主，你要在这个江湖上做一个靠自己逆天改命的女侠。

什么叫侠气？

首先，你要有闯荡天下的魄力。走出去，去游学，去旅行，去游历四方，去看更广阔的世界。

只有当你见过足够多的人，见识过各种各样的人生，你才不会用非黑即白的世界观来评判一切，你才能走出自我的偏见与局限，这就是所谓"见天地，见众生，见自己"。你走出去，见到了世间的繁华，见到了人间百态，最后才是见自己啊！这就是为什么我会觉得走出去这件事对底层女性的意义更大，因为倘若她不走出去，她脑子里所有的思想都是由她触手可及的几个人所决定的。那是个悲哀的半径，她可能永远都走不出那个命运所画出的小小的圆。

其次，有侠气的人一定是有几分"反骨"在身上的，她不会那么守规矩，一定不是毫无锋芒的，不是纯善的。她无法被简单的词定义，她的灵魂会有很多噪声，她的人格会有非常复杂的层次。

在此和你们介绍一位我自己见过的老侠女。

有一次，我去一家疗养酒店参加活动。晚宴时，我旁边坐着一位看起来有七八十岁的老奶奶，满头银发。我起初以为她也是客人，后来得知她就是酒店老板。令人惊叹的是，她丝毫没有孱弱的老人气，胃口很好，讲话很快，笑声爽朗，中气十足，给人的感觉像是一头狮子！

　　她出生于东南亚，家里很穷，有很多小孩。她的很多姐妹没机会读书，就去结婚了。但她不一样，她去服了个兵役，而且当的是空军，会开飞机。我们现在听起来可能觉得很酷，但在几十年前，这个选择一定是离经叛道、不守规矩的。

　　在我心中，不守规矩绝对是褒义词。在我看来，很多时候很多女生真的是太守规矩，太战战兢兢、小心翼翼了。

　　我在我的视频里分享过做生意的一些思维，就有女生在下面评论：欸，会不会不太好呀？

　　很多女生给自己的限制特别多，非常容易道德过剩并自我批判——全是"我不行""我不能这么做"这种自我否定的句式。她们的自我能量也随之被锁进了一句句的"我不可以""我不能"……

我鼓励大家去打破规则，并不是说要你去做坏事，而是希望你认清，很多规则都只是一种不合理的权力工具。

武侠小说都看过吧？你会发现那些大侠都是离经叛道的，那些名门正派的伪君子会与之为敌。你想成为的，肯定不是那些假惺惺的伪君子，而是大侠，为什么？因为对于大侠而言，不需要通过守规矩来证明自己是个好人——正道在其心中，只需要忠于自己，知道自己所做的事情是符合道义的。

所以，不要惧怕打破规则。在道义允许的范围内，你可以不拘一格，你可以在这个世界上跟所有人玩一样的游戏，也可以随时下桌，去寻找你自己的人生意义。

最后，侠女一定是拿得起放得下的。

晚宴上的那个老奶奶让我想到了著名制片人施南生。她和徐克导演结婚多年，最后两人分开，丈夫和其他女人相恋。尽管分开时饱受猜测，但施南生在接受采访时只说："两个人的事只存在于两人之间，和第三个人没有关系。"这就是侠气，我跟你在一起时肝胆相照，我们分开的时候也体面、干净。

我很喜欢一句话："一个克服了情欲的女人是无所不能的。"但这种克服不是说我不去爱了，而是我爱得起；我不会被爱绑架，不会为爱失去自我；我能拿起，就能放下，愿赌服输，英雄豪气。

你会发现，这样的人会有一股别具一格的魅力，而且这个魅力跟她的长相没有任何关系。当你遇到她时，会发出"哇，这样的女人天下一等一"的感慨。

我想告诉那些活得战战兢兢的女孩，千万不要觉得自己出身普通、出身底层是灾难，去看看金庸和古龙笔下的那些英雄，他们多是草根。

英雄不问出处，更不论性别。上天给了你最多的可能性、最大的发挥空间，一定要把握住。

请一定要好好写自己的人生剧本。

真正懂爱的人，
是随时准备离开的人

我社交媒体的后台收到最多的问题是：如何放下一段没有结果的恋爱？或者，要不要开始一场明知没有结果的恋情？这两个问题的答案是殊途同归的。

几年前，歌手陈绮贞和自己相恋16年的男友分手，引起一片哗然。当时有很多人骂钟成虎，问他为什么不娶陈绮贞，觉得是他耽误了一个女生的大好年华，认为他们的恋情太失败了。

说真的，我很想问一句：何为爱情的结果？难道婚姻就是感情唯一的结果吗？如果是的话，那人生的结果是死亡，我们又何苦要这么努力活着呢？

其实，人生中的绝大多数事情都是没有结果的，但并不妨碍它是美好的。我能理解大家想看到一个有情人终成眷属的美好故事，但作为成年人，我们应该对"美好"这件事有更开阔、更多元的认知。

"美好的爱情"并不等于"走进婚姻的爱情"，"美好的爱人"也不等于"相伴到老的爱人"，无法走进婚姻的爱情就一定意味着是失败的吗？

我有一个朋友，每次与我们聚会的时候，总是提出让大家都不要玩手机。问他为什么，他说：因为这是宇宙独一无二的一个夜晚。比如现在是2023年4月10日的晚上，虽然今后这个宇宙还会有无数个夜晚，但2023年4月10日夜晚永不再有。当我第一次听他这么说的时候，真的感到非常震撼，因为他瞬间让我意识到了生命的有限性和此刻的唯一性。

我们庸庸碌碌地活着，总以为一切是无穷的，认为生命是一口永不干涸的井，每件事都还会无数次地发生。但一切终有限度，生命会在某刻戛然而止。当你必须接受这件事时，你就会带着"明天就要死了"的心态活着。只有这样，你才会全情投入当下的每一刻，只有这样，当死亡真正来临的那一天，你才能无怨、无悔。

如果你明白了这个道理，你应该就理解了为什么真正懂爱的人是随时准备离开的人。爱情和死亡，是手性异构体，是一体两面的镜像。世界上根本就没有永不分手的爱情，就算你们没有分手，死亡也终将把你们分开。

我一直都不喜欢婚礼上那种宣称要永远在一起的爱情誓言。若是将"必须永远在一起"作为目的，那很容易陷入执念和妄想中，这是弱者的掩耳盗铃。我不是因为确认了不会分手才去爱的，恰恰相反，我是因为知道可能会分手，才更用力去爱。这就是真正的英雄主义，无论结果如何，依然选择热爱。彻底的占有，百分之百的安全，这些都不是爱。

陈绮贞写过一篇名叫《Boléro（波丽露）》的文章，文章中写道，她小时候被外婆带着去一家叫波丽露的餐厅吃饭，但她一直不知道波丽露的意思。等到长大之后，她才终于明白波丽露真正的意思："在花开得最美满的时候，你不移开视线地看着它，在你眼前，开始凋零的瞬间，你没有惊叹，没有怜惜，你只是知道，你正在看着这世界上最绝美的一朵花。这就是波丽露。"

"当你拥着，或被最爱的人拥着，你顺着他的脚步，或踩在他的脚背上，你们一起没有方向地旋转，不用数着节拍，任由他的爱情带你去任何地方，让他的手握你的手心，而你闻着这一个你所认识最深最久的人，胸口的味道，让他在你的耳边开口，却不说话。"

人生最美好的就是波丽露，因为感受过，体验过，所以值得，所以圆满。

我曾说过我是体验派。对于我们崇尚体验的人来说，如果在一段感情中，得到过一些高级的情感体验，并且和对方建立起了足够深刻的灵魂联结，那么，这样的感情就已经足够圆满、足够深刻了。毕竟，人是无法真正拥有另外一个人的，我们拥有的，只有和他相处的当下每一刻。

小小的陈绮贞曾问外婆："波丽露是什么意思？"

外婆说她不知道波丽露的意思，她只知道，人生是用来享受的，不是用来理解的。

想来，感情也是如此，它是用来享受的，而不是用来追求结果的。

当我们遭遇无来由的恶意

蔑视可以克服一切命运

在此分享一句对我人生影响最大的话：蔑视可以克服一切命运。请大家好好领受加缪的这句话，它可以解决你人生中几乎所有维度的问题。

我一直觉得，这个世界是"唯心"的，我们遇到的那些痛苦，之所以是痛苦，是因为你觉得它是痛苦。这句话听起来有点绕，但确实就是这么一回事儿。一切客观事件只是发生而已，但你的主观意识却定义了它对你的影响。

因此，在我看来，解决痛苦最好的方式就是站到一个更高的维度去看待它，不要对它进行任何主观评价。

如果有人一直打压你、否定你、欺负你，你不必争辩，只需要跳出他编排的戏码，从一个更高的维度俯视他；随后，你只管轻蔑一笑，把自己抽离出来，冷眼看着对方口不择言的样子，如同打量一个跳梁小丑。这时候，你就会有一个重大的发现：原来他说的所有话，最后都投射到他自己身上。由此可见，对方的责骂其实不是在攻击你，而是在攻击他自己，所以，你根本无须对此感到愤怒。他的可笑之处在于，他说的所有话都无法伤害到你。外人的所有攻击行为都是自我攻击，你根本不受力，这就是蔑视的力量，它可以帮你克服一切打压、污蔑和攻击。

如果在爱情中遇人不淑，蔑视的作用就更明显了，我曾经拍过一个讲述渣男的视频，非常火爆。在那段视频里，我表达了一直以来的观点：渣男从来都不是道德品行有问题，而是智力和认知上的问题，他们只是愚蠢和无知。

难道不是吗？一个内心深度都不足以产生爱情的生

困境与出路

物，一个与人类至纯至真的情感无缘的群体，一个把肤浅当本事还为此沾沾自喜的傻瓜，他们是故意"渣"的吗？他们只是无知到不懂爱，懦弱到不敢爱。看清这一点后，你还想爱他吗？不，你只会觉得他们可怜、可悲又可惜。

当你学会用蔑视的视角来看待那些感情中的烂人，你就会迅速幻灭，避开一切他们可能带来的伤害。这也是蔑视的力量，它可以帮你扫荡一切渣男。

最后一点可能会有点不好理解。几年前，我在阅读里尔克的《给青年诗人的信》时，记下了这么一句话："也许一切恐怖的事物在最深处是无助的，向我们要求救助。"当看到一条恶龙，我们大多数人就只会把它当成恶龙，但如果你上升到空中，以上帝的视角俯视它，或者说是带着一种近乎慈悲之心俯视，你就会发现恶龙张牙舞爪背后的无助。什么野兽，什么恶龙，不过是些正在哭泣的孩子。

我总是听很多人抱怨自己的原生家庭很糟糕，父母很恶劣，给他们带来了很大的创伤。你当然可以不原谅、不宽恕他们，但实际上，你要原谅和宽恕的从来就不是他们，而是你自己，他们则是你人生中的"恶龙"。如果你想要克服他们带给你的心理障碍，你就要站在一个更高的视角来看待他们。

当然，你人生中的恶龙可能是别的人或事，但道理都是相通的，它对你的影响往往取决于你如何看待它，而蔑视的强大力量就体现在此，它不轻慢、不高傲，它是慈悲、是包容，拥有了它，就真的拥有了可以克服一切命运的力量。

我常说女孩要让自己变强,要有钱,要全方位地接近光。

但离光最近的,应是你的思想。

03

思想最值钱

看清事物的本质

一些女性在生活中会碰到很多问题，常常令其感到束手无策，比如工作问题、个人成长问题，以及情感问题，之所以会变得茫然无助，究其本质都是因为缺乏最基本的逻辑判断能力。

举个简单的例子：我有个朋友，在恋爱时觉得对方哪哪都好，就是情绪不太稳定，经常突然跟她发脾气、吵架，然后把她所有联系方式都拉黑。但是，过了几天，他的情绪缓和了，又会主动来和好。

我听她说完，就判断这个男生在多线恋爱，他消失的那段时间里，一定是在陪别人。结果，还真被我说中了，只是我当初猜他脚踏两条船，没想到竟是脚踏四条船。

在我的逻辑里，拉黑这个行为才是母题。拉黑可以导致什么？失联，为什么要让自己失联呢？因为当时不方便，什么时候最不方便？身边有人的时候。好，如果这个底层逻辑成立，就让我们顺着再来推演一遍：他消失的时间里都在陪别人，但又怕我朋友突然一个电话或者一个消息过去影响到他，所以就只能让自己那段时间内失联。但是，拉黑也得找个由头，所以就先找点小事吵个架，等到那边陪完了，再过来这边和好，所以每次都是他主动讲和，因为只有他才掌握着时间管理的主动权。

这就是严谨的逻辑思维能力给我带来的好处，它可以让我非常精准地识人，同时也成功避开很多感情上的伤害。在工作中拥有一眼看清事情本质的判断能力，那就更重要了。还记得《教父》中那句经典的话吗？"花半秒钟能看透事物本质的人和花一辈子都看不清事物本质的人，注定是两种截然不同的命运。"

本篇我会从人和事的角度来分析，讲讲究竟怎样看清人和事的本质。

第一点，说说如何看人。

乔治·戴德说："在人际交往当中，你接触的不是人，而是他们的防御机制。"

我拍过一条讲识人术的视频，里面就有说到，一般看人的时候，不要去看他平常是什么样子的，而是要去看他愤怒的时候、低谷的时候、喝醉酒的时候，那才是他卸下防御机制、最没有戒备心的时候，呈现出来的才会是他最真实的状态。

这就是我要分享的第一点，你一定要学会敏锐地观察人在那些状态下的样子，那是他的底色，是他品行的最低处。关于这一点，《知否知否应是绿肥红瘦》里总结得十分到位：**与人相处，最终看的是品性的最低处。**

第二点，听别人说话的时候，内容不是最重要的，情绪才是关键，因为情绪暴露立场，立场代表本质。

我举个最浅显的例子，就比如有些女孩看了男朋友的手机，男朋友当下的第一反应就是愤怒、崩溃，或许他嘴上还会强词夺理，讲一堆题外话——"我根本不在意你看不看我手机，你想看就看，但这根本就不是看不看手机的问题，是我们之间信任的问题……"

这时你根本不需要听他说什么，而是要去观察他的表情，看清他的情绪就可以了。当然，我在这里只是举一个例子，看手机的行为我并不认同，至于为什么，动动脑筋好好想一想吧。

第三点，所有的事都反着想一想，所有的话都反着听一听，这种逆向思维我已经说过多次了。

人的思维绝对不可以一根筋，不能只知道朝着一个方向，因为很多时候，现象和本质往往是截然相反的。

我们知道，生活中你会碰到不少仇富的人，这类人觉得有钱人一定都人品不好、心眼坏，而且有钱人绝对都过得不开心。其实这样的人只是没有机会，一旦让其可以跟有钱人打交道，他或许会争着去巴结权贵，比任何人都要更加趋炎附势。这就是人性，表面最看不上的东西，往往可能就是他内心深处最想要的。所以，你们在看人看事的时候，一定要学会反着看、反着听，这一点非常重要。

接下来，我来聊聊如何才能看透一件事情的本质。

第一个要点，学会剥洋葱式分析事情，多剥几层，直到找到那个最底层的原因或者目的。

举个例子，我有个朋友，他有严重的胃病，怎么都治不好。表面上看，这是一个单纯的胃病问题，但经过仔细分析，我发现他有每晚吃夜宵的习惯，正是这个习惯导致了消化不良，随之引起第二天起床时的胃部难受。

我就问他：你为什么每天晚上都要吃夜宵？他说是因为失眠。

我接着问：你为什么失眠？他想了一下，说好像是因为每天下午都很晚喝咖啡。

我继续问：你为什么这么晚才喝？他说是因为起得晚。

那为什么起得晚呢？是因为他不用上班——半年前他辞职了，一直赋闲在家。

就这样，原本简单的胃病原因，经过我刨根问底地剥了N层后，真正的根本原因浮现出来：他要解决的根本问题是由不上班导致的作息紊乱。最后，我给出的建议就是让他重返职场。

果然，当他重新上班后，恢复了正常作息时间，胃病渐渐就好了。

这是一个很典型的案例，它给我们的启示就是：凡事都要善于挖掘，对任何事情都多问几个为什么，把你的思维发散出去，发散到不能再发散了为止，你才能找到那个最核心的点。

看透事情本质的第二个要点，就是要培养自己的替代思维和灰度认知。

这个世界和人性都不是非黑即白的，而是存在着大片的灰色地带，然而我们在思考问题的时候，却常常会忘记这个大前提。

在我们的眼里，人和事，要么是好的，要么是坏的，没有中间地带。在我看来，一切事物都是阴阳同体的，而且随时可以相互转化。更进一步来说，最坏的恰恰最接近最好的，好坏永远都不是绝对的，差别在于我们看待它们的眼光，所以它们才可以随时进行转化。

举例来说，你在事业上碰到一个非常强劲的对手，在竞争过程中，你发现完全无法超过对方，那么，他对你而言就是坏的。但你换个思路想一想，消灭敌人最好的办法是什么？是化敌为友。倘若你能让他为你所用，将他拉入你的阵营，此时，他的实力对你而言，就是这世上最好的东西。

我们再用一个非常简单的例子来说明替代思维。当你失恋了，却始终无法忘记对方时，很多人会建议你开启一段新的恋情。这也是一个很典型的替代思维。问题不一定要被解决，还可以被替换。

看穿事物本质的第三个要点是解构命题。

我们在现实生活中会碰到各种各样的问题，你可以把这些问题想象成小时候做的数学应用题，你怎么读题、怎么理解题目尤为重要。

我在《像火箭科学家一样思考》这本书里看到过一个"五美元挑战"，这是斯坦福商学院做的一个真实案例。他们给不同的创业小组布置了一个作业，要求学员在两个小时之内用五美元赚到最多的钱，然后每个小组都要在课堂上做三分钟的报告。

如果是你，你会怎么做呢？按照我们普通人的思维，可能就是用这五美元去买一点东西，然后再摆摊卖出去，赚中间的差价；或者干脆买张彩票，赌一赌运气，仅此而已。

我们先来说说后来得了第二名的小组是怎么做的，他们意识到这道题目中的五美元看似是资源，实则是束缚，所以，他们解构了题目，把问题变成：如何在一无所有的情况下，在两个小时之内赚到最多的钱？

他们想了个法子，去各种网红餐厅当黄牛卖位置，要知道，这可是在很多年前，所以这法子还是非常夺人眼球的。最后，这个小组总共赚了几百美元，获得了第二名。

第二名的小组用的法子已经够让人佩服了吧，但你们绝对想不到第一名是怎么操作的。第一名小组不仅知道要重新去定义问题，还知道要重新定义资源。他们发现，这道题本身就蕴含着无价的资源——在斯坦福课堂上宣讲的三分钟。想清楚这一点后，他们就把这三分钟卖给了一家想要招募斯坦福学生的公司，净赚650美元，小组也就成了当之无愧的第一名。这个例子我不管讲多少遍都觉得不过瘾，简直太令人惊叹了。

在现实生活中，无论发生任何事情，你都可以把它当成一道应用题。你要学会的第一件事并不是找各种公式去乱套用，而是要认真读题，好好想想如何解构命题和资源，这才是最重要的。当你学会不受任何已知条件的束缚，把每一道题都重新解构，重组所有与你的目的最有关联的条件，你就不会再被任何东西限制，因为万物不为我所有，但皆能为我所用。

大多数人没有
深度思考的能力

我希望你们从现在开始，忘记你看待世界的方式，忘记你的思维，所有的一切全都清零。有个大家其实都不太愿意面对的事实，那就是绝大多数人是没有深度思考能力的。你以为自己在思考、在动脑筋，其实那叫惯性反射，惯性思考根本就算不上真正意义的思考，它只是你脑子里的固有程序在自动生成代码。

那么，你脑子里的程序是什么呢？是这个社会灌输给你的道德、文化、习俗，是你周身的乌合之众对你的影响，是你每天摄入的碎片化垃圾信息所堆叠起来的高墙。

你以为你在思考，但实际上你并没有思考的能力。

不做"二手人"

在哲学上有个概念叫"二手人"，也就是没有深度思考能力的人。一个空心的二手人，其所以为的思考只是被社会洗脑过的一套程序，这样的人其实跟仿生机器人、AI毫无差别。我们习惯上总认为拉开人和人之间差距的关键点，在于有没有深度思考能力，其实在我看来，能够深度思考和不能够深度思考的人，他们所看到的世界也是完全不一样的。

如果你希望可以找到改变你的一个契机——帮助你培养主动深度思考的能力，那我接下来说的几个要点，你要好好学习和吸收。

第一点——也是我个人觉得最重要的一点，就是质疑，质疑母题，质疑一切你看上去合情合理的东西。

关于马斯克，有一个流传很广的故事：当时在研发特斯拉的时候，发现一个汽车零部件出了问题，怎么都调试不好，所有工程师都束手无策，谁知马斯克一上来就说："有问题啊？那就不要它了呗。"

看到了吗？这就是思维的差异，当所有人都钻在这个问题的牛角尖里出不来的时候，马斯克直接质疑问题本身。这个故事很好地阐述了我刚刚说到的质疑母题，因为你所有的思想都建立在你觉得一切前提条件都很合理的基础上，一旦学会了打破母题、否定母题，你就会拥有挣脱经验主义和惯性思维的能力，从而获得崭新而广阔的视野。

那么，质疑了之后该怎么做呢？这就是我要讲的第二点——视角和元规则。

我之前在广州上了一段时间执中学长的课，他在课堂上讲了一个观点，真可以说是振聋发聩。他说："**你眼中的问题可能是别人的解决方案。**"

比如说孩子逃课，你觉得逃课是他的问题，但逃课或许是他用来解决其他问题的方案，可能他在学校里面遇到了一些情况——被霸凌、被歧视等。所以，真正要解决的根本就不是孩子逃课的问题。

这个思维其实还可以举一反三地运用到生活的各个方面，比如如何纠正让人头疼的拖延症，大多数人在面对这个问题时，都会列出一堆拖延症的缺点，但更聪明的做法是找到拖延症带来的好处，然后再用其他方式来替代这个好处，这样才能够真正解决拖延症。

我曾认真反省过拖延症能给我带来什么好处。对我而言，可能我会比较享受卡点做完某件事的快感，类似于每次赶飞机、赶高铁时，比起算好时间提前出发，我更喜欢赶最后一分钟的那种刺激感。还有，如果我真的做到了，随即而来的是一种巨大的成就感，这可比按部就班地完成一件事所获得的成就感大多了。

想清楚我要的是更大的快感和成就感之后，就很好用替代逻辑来解决拖延症了。比如，我在接下某一个写作任务的时候，会提前跟对方说，我这个人干活很快，一般提前十天能交稿——先给自己立好 Flag，找自己的甲方作为见证。这样当我真的提前十天交稿时，对方惊讶的反应会让我更爽，那种成就感是加倍的。

课上，老师还说了关于缺点的观点，让我茅塞顿开，他说："缺点都不会是单纯的缺点，如果一个缺点对你一点好处都没有，那它在你身上是留不住的，不会长久存在。所以，当你看到一个缺点、一个问题时，不要只看到它的坏处，你要看到它给你带来的好处，它到底解决了你的哪一些问题，这个才是关键。"

看到这里，可能有人会跳出来反问：这不就是逆向思维吗？这不就是5Y原则吗？我想说，你一旦产生了这样的想法，就说明你又跳进了思维固化的怪圈之中，又把一切东西往一个既有的标签里套了，又被限制住了，这种思维惯性可真要不得。

话说回来，真正的深度思考应该从什么视角切入呢？我刚刚所说的"元规则"又是什么呢？

普通人思考问题的视角就是以自我为中心，也就是我们惯常所说的自恋心态。当然，这里所说的自恋是从广义上来说的，也就是你为自我所筑起的一道高墙，外界的很多东西都会被你的自恋挡在外面。换言之，当外界触及了你的自恋，你的内心就会产生很多负面情绪，比如愤怒、羞耻、恐惧等。

就如同我在前文中所说，愤怒情绪很好识别，但恐惧和羞耻是人类很难直面的。当你感受到这些负面情绪时，你要做的不是逃避和忽视，因为情绪不会因为你的置之不理而自动消失，当它没有被妥善对待时，它会潜伏在你心底深处，伺机而动。

我的建议是，当你感受到不舒服的情绪时，你需要保持警惕，直面冲击你的这股力量，一层一层拆解它、分析它、解决它，进而内化它。一定有什么东西凌驾于你的自恋之上，让你感受到不舒服。如果你能够破除自恋，扩展自我视角的唯一方式就是允许它们进入，让那些使你感觉不舒服的东西成为新的经验、新的常识、新的理解。除此之外，还有他人视角、他物视角。

我刚刚举的那些例子，其实就是站在他人和他物的视角。孩子逃课，你应该站在孩子的视角去看待这种行为；发现缺点，你也应该站在缺点的视角去看待它的存在。如果能这样做，你就能获得完全不一样的感受。

当然，最顶级的视角肯定是"上帝视角"，注意，我所说的上帝视角并不是什么都能看见的全知，而是元规则。什么意思呢？两个字：不变。

在我们的感受中，世界上的万事万物无时无刻不在发生变化，因为你是把自己当成孤立的整体，所以你是你、我是我。然而，如果你把宇宙当成一个整体，你就会发现你也是我、我也是你。

更进一步来说，当你彻底理解了这种思维，你甚至可以在一秒钟内读懂量子纠缠，因为从整个宇宙混沌一体的概念上来讲，那两个粒子就是一个整体，所以它们的所有反应都很好理解。这里提到的上帝视角和元规则，听上去非常简单，其实不管是牛顿的万有引力还是康德的物自体，很多伟大的理论和发现都受到了它的影响。

除了极致的整体思维之外，我们也要同时接受另一种极致的细节思维。

我小时候看过一部安东尼奥尼的电影——《放大》，其中有个情节令我印象深刻，一名摄影师在公园拍了一张情侣的照片，当他把照片不断放大后，竟然在里面看到了一个拿着枪的人，他就此发现了一起谋杀事件的现场证据。

虽然看这部电影时，我还很小，但当时我就有了一个认知，那就是把一个东西放大到极致的极致，视角就会完全不一样。比如，我们把一个人放大成分子、原子、原子核、电子、质子、中子，你就会发现，每个人都一样，这就是"人人是我，我是人人"。

我因为想明白了这一点，大学时期，我写了这样一句情话："宇宙间的原子并不会湮灭，而我们，也终究会在一起。"（完整版是：其实分别也没有这么可怕。六十五万个小时后，当我们氧化成风，就能变成同一杯啤酒上两朵相邻的泡沫，就能变成同一盏路灯下两粒依偎的尘埃。宇宙中的原子并不会湮灭，而我们，也终究会在一起。）当时，这句话的流传度还挺广的，但大家可能并不知道这句宇宙情话内含的世界观就是来自极致的微观视角。

说了这么多关于改变视角和思维所产生的巨大力量，无非是想告诉大家：换一个视角、换一套思维程序，整个世界就会完全不同。

发掘潜力，
打造最高版本的自己

我将从两个角度来讲一下如何找到自己的天赋、怎么发掘自己的潜能。首先，天赋是每个人都有的，但能挖掘并且发挥好自己天赋的人却是少之又少。大家可能在网上也看过很多教你如何寻找天赋的视频，比如你要去发现自己真正感兴趣的事情、发现自己从小就做得比别人好的事情、发现自己很容易进入心流状态的事情……这些都说得很对，但都是一些很容易想到，操作起来却很难的方法。

所以，让我们换个角度来探讨这件事。首先，人为什么不容易觉察自己的天赋？《庄子·大宗师》中说："其嗜欲深者，其天机浅。"意思就是如果一个人欲望太多，就会失去灵性和智慧。

其实，每个人刚出生时都是很有灵性、很有天赋的，但父母以及这个社会，都会对我们产生期待。他们可能会说，你长大之后要成为一个医生、老师，或者科学家。他们的本意是对我们做出良性的引导，但这种引导在某种程度上也是一种阻力，致使我们看不清自己的天赋所在。或许我们本可以成为一名天资卓越的某小众乐器手，但因为被社会的规训裹挟着，被名利驱逐着，被大众价值观框定着，你可能此生都与自己的天赋点无缘。

第一点，如果你想发现自己的天赋，就必须"去社会化"，先冲破遮蔽你天赋的迷雾。

抛开一切观念束缚，回到赤条条无牵挂的状态，问自己：我到底喜欢做什么？可能有人马上就会回答：喜欢赚钱啊，这还用问嘛！那么，请你好好想一想，钱是什么？钱是由谁创造出来的？脱离了人类社会，钱还有没有价值？

事实上，货币是一个人为造出来的概念，它只是被人们约定作为交换媒介，表现出来的是契约价值，而不是实用价值。就像最早的货币是贝壳，但如果现在你拿着贝壳去买东西，别人可能会直接报警。

有一件很可怕，但我必须将其点破的事情，那就是很多东西都不像你认为的那么真实，而是一种被人为约定出来的概念。除了金钱之外，还有诸如婚姻、职称、地位、学历等，这些我们奋力去争取的目标，它们都是用于规训人类行为的无形工具。但是，绝大多数人是意识不到的，我们无知无觉地生活在这个世界上，无意识地接受着这个社会灌输的这套价值观，于是，我们就有了很多虚假的喜欢。比如"我喜欢赚钱"，你在说出这句话的时候，也许并不是真正的喜欢，只是大家都在追逐，你也跟着一起追逐，大家都在抢夺，你也跟着一起抢夺罢了。

当你还带着这套思维去回答你喜欢什么，其实是没有意义的。你的喜欢，是社会赋予你的感受。

倘若你想挖掘到内心深处那个真正的答案，就只能先抛开这个社会的一切规训，抛下你惯用的那套价值观。你要用一些更真实的东西去引导自己，比如追求价值、爱情和知识。

你要先拨开那一层虚构的概念，才有可能找到内心的深爱。我们可以试试换种问法，不要直接问你喜欢做什么，而是如果不考虑赚钱，你最想做什么？如果你现在已经实现财务自由了，可以做任何事，你最想做什么？这样的问题会更有指向性。

第二点，了解自己，向内挖掘。

大家可能在网上会看到各种各样的性格测试，比如现在很热门的MBTI测试。应该说，它们具有一定的参考性，但是，我不喜欢这种简单粗暴的分类方式，就像我从来不觉得人的性格一定要分成外向和内向，它应该是一种十分复杂的体系。每个人的性格都不一样，你把它的像素点不断放大，就会发现每个人的性格几乎都不可合并同类项。

那么，我们应该如何了解自己呢？我给大家提供一个思路：在做事情的时候保持觉知，每一个行为背后都会反映出你的价值取向。

以我自己为例，我小的时候做事情非常快，没有拖延症，听上去很好吧？但没有什么事情是绝对好或者绝对坏的，我发现了自己的行为模式隐藏着一个很严重的问题，那就是我非常急功近利——我是一个短期主义者而非长期主义者。从我的成长路径来讲，意识到这一点是一个非常重要的转折点，我开始主动纠偏，刻意培养自己的长线思维。

通过我自己的例子，我想说明几点：首先，认识自己的最佳方式，并不是看一些很表面的现象，比如这个人话多不多，是开朗还是内向，你要从行为层面去挖掘更深层次的东西，因为人的内在属性往往都会投射到外在行为上；其次，没有任何东西是绝对的，就像你身上最突出的优点，也可能是你最脆弱的软肋，而你最大的缺陷也有可能会成为你最耀眼的天赋。

我一直觉得，人的天赋可能就藏在所面临的人生课题之中。有时候，你会发现你做某一件事情特别不顺手，但是偏偏这件事会接二连三地出现在你的生命里，就好像冥冥之中，有个力量在告诉你：你必须反复练习这道题，直到你彻底学会了，这个课题才算过去。如果有，请一定要抓住这件事，这或许就是一种命运的指引。

比如，我的一个朋友，她总是经历一些很糟糕的恋爱关系，然而，她又是那种很有passion去爱的人。我们都知道，如果一个人恋爱很顺、桃花运特别好，可能也就不会对亲密关系产生过多思考。往往是那些不顺利的人，才会有反思，有更加敏锐的感知，有超乎常人的深刻理解。对别人而言，恋爱不顺可能是个问题，但她却把这个问题当成了突破人生局限的解题思路。她发现这种不顺使她感受到了更多的情绪，学会了更多的东西。于是她开始在网上分享，现在已经成了一个粉丝量不少的情感博主。

她的经历于我们而言，是一个很好的参考，大多数人都会觉得天赋一定是体现在做起来特别顺手的事情上，但我倒觉得，你反而要去关注那些做起来特别难，但是你又怎么都绕不开的事情，那些压制你的东西里面可能才藏着你最大的潜力。这也是一种辩证思维，困难里面往往藏着宝藏。

第三点，借力外人，寻找反馈。

你可以请身边的亲朋好友形容一下他们眼中的你，比如他们觉得你身上最大的特质是什么？最大的优点是什么？最大的缺点是什么？如果只能用一个词语来形容你，会用什么词语？如果能用三个词来形容，会用哪三个词？但是注意，这么问不是让他们来定义你，而是借助他们的目光，发现你身上和别人最不同的点。你自己往往很难直观地感受到这种差异性，但旁人却可以敏锐地觉察到。

找到差异性之后，我们就需要去拆解它。

这里有个很重要的概念：差异性需要取绝对值。因为不管是缺点还是优点，对我们而言都很重要，只要它是你身上跟别人最不一样的点，只要它的绝对值够大，它就有可能会成为你的天赋。

比如我从初中到高中，一直都是坐在第一排，因为我话太多了，尽管每次都考第一名，但老师还是不喜欢我，他觉得这就是我身上最大的缺点。结果，现在我就是靠表达在创造价值，靠表达在向更多人传递观念，我的缺点成了我最大的影响力和核心价值。

所以，根本就没有绝对意义上的缺点和优点，我不会

这么粗暴地给这些特质定性，只是为了方便大家理解，我们暂且就称它为优点和缺点。从现在起，我们要把它们替换为差异性，你最大的差异性就是你的优势。

最后，我想说，可能经过一番兜兜转转，你发现自己的天赋丝毫不令人惊艳，对此也不必感到气馁和沮丧，因为没有一件事是无用的。在天赋这件事上，最不应该有鄙视链。哪怕你只是爱吃饭，也能当美食博主。从小我母亲就告诉我，任何事情，你只要做得比别人好，那就是好。

祝我们都能找到自己的天赋与天职。

道力所限，
愿力破之

在大家一贯的认知里，可能会认为那些成就卓越的人都是非常自律的，然而，我见过很多在各个领域取得重要成就的人，都不是特别努力自律的人，至少不是以大家所想的那种"努力"状态工作的人，他们更多靠的是兴趣驱动，其内驱力在于：他们是发自内心地想工作。对他们而言，工作才是享乐，不让他干活，才是剥夺了他最大的快乐。

有一位非常厉害的投资人，不仅睡得少，还可以长时间"待机",经常开十几个小时的会都不会分散注意力。

除了先天基因差距,我觉得更大的因素取决于你喜不喜欢做这件事。人在做自己真正热爱的事情时,是不会感觉到累的。

我上大学的时候,在一些公司实习过,如果当天上司布置的是我完全不感兴趣的枯燥工作,我半个小时内必定犯困,而且一天班上下来,会觉得整个人都被"掏空"了,回到家什么事儿都不想干,只想瘫在沙发上,时间长了还容易生病。可是,一旦让我参与到非常感兴趣的项目,即使连续加班半个月,每天都是凌晨两三点才离开公司,但由于我对这个项目非常感兴趣,它激起了我身体里的热情,以至于我竟然越忙状态越好,这就是愿力带来的差别。

我们普通人的努力和自律,本质上还是出于逼迫和无奈,对自己做的事情打心底里是不认同、不相信、不热爱的,这就造成了人和人之间最大的分化。

正所谓"道力之限,要靠愿力突破"。道力就是你的技能、武功招式,做事情体现的是你的客观水平,而愿力就是你的心力，也就是我刚才所说的内驱力。你有多想做一件事情，你对它有多相信，你的精神力有多强——这些组成了愿力。道力或许可以让你从零到一百，但想从一百到一万甚至一亿，就只能靠愿力了。

那么，问题来了，如何去培养自己的愿力呢？我暂且把这个愿力分为两个部分，一个是专注力，还有一个是信念感。

首先，如何培养自己的专注力？

我现在越来越感觉到，现代人多多少少都患有一点ADHD（注意缺陷与多动障碍）。你有没有过这种情况，明明拿起手机要做一件事，下一秒就忘了自己要做什么。很多人别说看书了，连一个五分钟的视频都看不完，这就是典型的现代病。在各种短视频、碎片化阅读的侵蚀下，大家丧失了做一件事所需要的完整而连续的专注力。

有一个词叫"信息自律"，意思是我们每天在摄取信息的时候，要高效地去筛选那些真正有用的信息。要做到这点，第一步就是和信息过载的互联网保持一定距离。我每天会有四五个小时的时间让手机处于关机状态，就是为了防止自己工作或者阅读的状态被打断。

另外,我每周都会抽一天打扫卫生和做饭,在这个时间内,我也是不碰手机的。我非常享受这种沉浸在一件事情里面的感觉。我有个前辈,他关闭了朋友圈,然后他觉得自己的脑子和生活一下子清爽了不少,就像一台原本内存不足的手机,突然清理了缓存,整个人的CPU瞬间提速。

我真心建议大家去培养自己定期远离现代化电子设备的习惯,通过阅读、运动,甚至冥想之类的方式,找回自己的专注力。有个词叫"临在",它说的是有觉知力地安住于当下,活在当下的每一刻中。

《当下的力量》这本书的作者就一直强调,只要你能够保持临在状态,不仅可以找回专注力,还能最大限度激发自己的潜意识能量。我们都知道,人的意识分为显意识和潜意识,但我们往往会低估潜意识的力量。如果说显意识是海面上那1%的冰山角,那潜意识就是潜藏在海面之下的99%。倘若你可以做到保持专注、保持临在,去触及冰山之下那99%,你的能量将不可估量。

接着是建立信念感。

我有个工作上的前辈,他是很拼的一个人,经常工作到凌晨三四点。有一次,我忍不住问他:你为什么要这么辛苦?因为在我看来,他的人生已经什么都有了,结果他表现得比我还惊讶,他说:"有幸做自己喜欢的事情,怎么能叫辛苦?努力,只不过是我对这份幸运的回报而已。"

这两句话是否会对你们有所触动呢?我们总是认为,工作到深夜是在付出、是在受罪,但他却只感到这是上天的恩赐。他做事的时候,不管多难,绝对不会去想能不能做成,没有如果、没有万一,只要开始做,就一定能成。

他身上的那种信念感,那种完完全全相信自己的感觉,真的非常打动人,我甚至觉得这是一种能够感动天地的力量。带着这种信念做事,就会有各种各样的人来帮他,就会有奇迹发生。有句话叫"因为相信,所以看见",相信真的能创造奇迹。

最后我想分享一条我几年前写的博文:

如果真想过好这一生,请先解决好一个字——信。

所信之物，并非由别人编造出来的高尚意义，也不是人人都在追求的虚假目标。它是你遭遇了失落、冲击，在滔滔洪流漩涡中翻滚一万次后，依然觉得值得追寻的东西。所信之物，并不仅是你为自己建造的价值依托，更是你亲手为自己塑造出来的神。

　　更关键的是，你信一样东西，并不意味着你就能得到它，它也并非一定会眷顾你。可是这些都没有关系，因为它原本就无关得失和输赢，而只关乎你的内心。坚定地去选择一样东西，并且将全部身心托付于此，心甘情愿付出你所拥有的一切。原本平凡的渺小人生，会因为"你信"这件事，而变得异常迷人，突然就看到一种超出自我之外的广阔。

　　今年我二十五岁，未来的我可能会完全推翻这些话。但此时此刻，我真的信人生就是为了一个"信"字。

　　这是我二十五岁的时候的感悟，我认为信念感决定人生的高度，现在我三十岁，依然这么认为。祝我们都能专注而坚定，过没有天花板的人生。

低学历如何重塑人生

学历不好的人生就一定完蛋吗？我觉得未必。现在，我们就从术、道、法三个层面来讲讲低学历重塑人生的途径。

术

学历不够就要想办法提升自己的社会智力，社会智力才是你的核心竞争力。我在北京碰到过两个令我印象非常深刻的老板助理。

一个是某平台老大的助理，这位老大的历任助理基本都是名校硕士以上学历，只有这个男生是艺术类专科。但他有个非常大的优点——嘴巴严。我跟他打过几次交道，他说话有着非常好的分寸感，既严丝合缝又让你觉得很舒服，论他"打太极"的功力，真可以说超越了99%的人。

还有一个老板的助理是一位高中学历的女生，但她也有一项很厉害的技能——点菜。你们可不要小看点菜这件事儿，点菜其实是很难的，特别是在一个商业饭局里：上菜的类型、节奏，在座有哪些人，他们的喜好分别是什么，这个饭局聊什么事儿，针对不同的事情，吃饭的风格也不尽相同。这就像指挥一场交响乐，起承转合、层层推进，全在这位女助理的掌控之中。她能让在场所有人都吃得开心、喝得尽兴，这无疑能帮助老板顺畅地把生意给谈妥了。所以，这就是本事，是书本之外的社会智力。她当时的工资是三万一个月——在好几年前的北京。

说句实话，我见过的高学历精英不在少数，但能让我留下深刻印象的也就这两位。这种类型的人才无疑非常稀缺，是所有老板都想挖到身边的。

我在讲天赋的时候，强调过好几次，任何事情你只要做得比别人好，那就是好，人的价值不是通过单一维度来评定的。你可能就是读不好书，但你总有比别人厉害的点，关键在于你要去挖掘那个点，它才是你的核心竞争力。

我们在这个社会上生存，是有不同职能的，有些人是服务者，有些人是建设者。大多数高学历的人都选择去成为建设者，如果你感觉自己无法胜任一名建设者，成为一名服务者同样可以在各行各业里出彩，为那些建设者赋能，这就是你的价值。

如果你觉得上述这些社会智力都不太行，别担心，我告诉你一个努力就能行的办法。你的大学时期，除了完成学业，还可以去做一件更重要的事情：选择某一个领域精钻，把能考的专业技能证书都考了，成为那个领域真正的高手。但请注意，你要考的最好不是那种学校里人人都会去考的东西，一定要独辟蹊径。

举个我朋友的例子,他在上海某旅游专科学院学酒店管理,大一的时候,他觉得自己的学校和专业都不行,但他已经敏锐地察觉到,未来社会上最受欢迎的一定是有某种技术特长的蓝领。不得不说,他的这份眼力和远见是厉害的。然后他就去鼓捣了一个很小众的东西——无线电。我第一次在他家看到那些设备的时候,真是大开眼界。

大学期间,他考取了电台操作证书,并申请了执照,可以发射无线电波,还可以接收到从世界各地发来的信号,甚至能够与太空宇航员通话。他在这个小众领域取得了很多成就,拿了各类证书、奖状,还参加了世界级的比赛并拿了奖。就这样,毕业之后,他被一家非常厉害的单位作为特殊人才破格录取。

他的这个逆推思路很值得各位参考:你先想清楚,你理想中的工作单位是怎样的?你特别想去什么类型的公司?然后,根据那个公司的人才需求去培养自己的专业技能。比如你特别想去某个游戏公司,你就得观想你就是这个公司的老板——你希望你的员工除了学历,还有哪些其他应届毕业生所不具备的技能？退一万步说，哪怕你把这个游戏账号打到满级都是个加分项。

道

如果你的学历低已经是既定事实，那么，接下来你要做的，就是学会转变自己的思维模式。

第一，抛弃"必须遵守一切规则"的好学生思维。

若你没有一张漂亮的文凭，不能以此作为敲门砖进入赫赫有名的大公司工作，那你就要有足够的心理准备：你的成功之路会比高学历的同龄人更艰辛，你要有去闯荡和冒险的勇气。

以前在学校里，我们都比谁更听话、谁更乖；然而，社会需要的并不是听话的乖学生，它需要强者，需要规则的制定者而非遵守者。所以，你一定要反复给自己熏习一个观念：这个世界上不存在无法被打破的规则，说白了就是绝大多数的规则都是掌权者为了维护自己的利益，是他们用来约束和控制弱者的手段而已。在不违反法律和道德的前提下，一切都有余地，一切都能松动，在这个社会上生存，绝对不能一根筋，一定要敢于质疑，敢于破局，充满韧劲地勇往直前。

第二，放弃"退路思维"。

我身边有很多朋友都想做博主，但他们尝试的方式就是一边上班，一边有一搭没一搭地发发社交平台，这样当然是做不起来的。然后，他们就会来问我，希望我能给他们一些建议。每当这时，我给到的意见就是辞职，给自己三个月时间，全身心投入去做这件事。如果三个月后没有任何起色，那就说明你不是吃这碗饭的料，可以直接放弃了。

很多人成不了事儿的最大原因就是退路太多了，你老想着两件事情可以并行，可以兼顾，但这是不可能的。既要又要的结果只能是什么都做不好。All in 不是风险对赌，而是一种最快速检验事实的方式，能让你快速看清自身能力，找到一条最适合自己的路。它是一种高效的筛选途径和检验方式。

第三，边做边纠偏。

还是以做博主为例，你绝不能死脑筋埋头苦干，做的过程当中一定要纠偏。

比如，某一条内容的数据特别好，那你就要分析：为什么好？难道只是运气吗？偶然的成功当中一定有必然因素，如果你能学会复制那个必然因素，你就能获得持续的成功。同时，在纠偏的过程中，你一定要学会扔掉主观判断和个人情绪，用数据来思考，永远只盯着事实。凡事都尽可能地量化、数据化。

比如，我经常去看账号后台的完播率、粉丝涨幅、粉丝比例结构和性别年龄画像等，数据一定是最客观、最直观的。日常复盘的时候，我也很喜欢把数据做成表格和曲线，这样所有的变化都一目了然。此外，我非常建议大家要经常看一些行业的报表，这样做不仅能培养你的商业敏锐度，还可以让你养成理性思考的逻辑能力。

法

对于学历不好，起点比较低的朋友来讲，人生更需要一步一步好好规划，做到稳扎稳打。因为对于我们来说，试错成本太高，所以更应该谨慎对待自己未来每一年的计划。在这里，我分享一个这些年来一直在用的人生规划方法，灵感来源于我大学时选修的一门课——统计学，这几年实践下来觉得非常好用！

第一，坐标。

如果你的人生有一个坐标，你要先写什么？变量，定量，峰值，对吧？

对我的人生而言，可能定量就是父母、家庭、健康，这些是我要守住的底线，是对我而言最重要的东西，我做任何事情都不能以牺牲这些作为代价。

接着是变量，这里包含两个维度：第一个维度是对于普通人来讲的，相当于对自己的职业规划，仅仅是将自己正在做的事情当成一份职业；第二个维度是天职。如果你对自己有更高的要求，那你就需要找到自己的天职——真正热爱的事情，这件事将决定你人生的峰值在哪里。你可以试着问自己：如果上天把做这件事情的结果直接给你，你还愿意做这件事儿吗？好好想想这个问题，它很重要。

第二，曲率。

很多人会因为眼前的一些小事而焦虑，其实是因为缺乏一个更长线的思维。比如在你小时候，一旦考试不及格就会很紧张吧，你现在再回头想想，是不是只会觉得很好笑？人生中的很多事情都是这样，只要你把时间线拉得足够长，你就看不到那一点点的小波动。

那么，这个时间单位多长才比较合理呢？我给自己设立的人生回看长度是五年，以五年作为一个单位区间，我只看这五年内的变化。然后，我们就来看五年内的人生曲线是向上走了还是向下走了，向上走的话，它的曲率大不大。曲率越大，说明改变越多，趋势越好。现在想想五年前的你，对比一下现在的你，你满意吗？

第三，转折点。

人生曲线上的转折点，代表的就是你做出的一个个人生选择，怎么做选择非常重要。

我记得当时老师讲过一个原则，叫作37%法则，也叫最优停止理论，有个与之相关的很著名的例子——找房子，比如你准备用一个月的时间看房，那你就选出一个月的前 37%，也就是 11 天，前面 11 天你只看不定，主要是了解行情制定标准。你在心里记下前 11 天看到的最好的房子长什么样。

接下来，从第 12 天开始，你一旦看到跟前面 11 天中最好的房子差不多的，就立马定下来，这是你能做出的最好选择。这一招适用于人生的方方面面，找工作、找对象……任何事你们都可以试试。

第四，均值回归。

如果说前面所说的都是在教你们如何进步成长，那这一条就是教你们如何保持平和心。很多觉得自己学历低、人生没有希望的朋友，往往都只有十八九岁，说实话，你们的人生都还没有真正展开，怎么就能断定自己没有前途了呢？

心态永远比学历更加重要。人生是不可能一路高歌猛进的，它最终一定会落回一个相对比较平稳的态势。大多数人的人生是一个正态分布曲线，不可能一直处在两端的极值上，中间段才是大多数人的最终归宿。

我之前在申请留学的时候，发现中介一般都会推荐很多所学校，前面几所是你跳一跳能够上的，或者是运气特别好才能被录取的，中间的几所就相对比较稳健，是与你的真实的实力相匹配的。最后，当然还会安排几所学校用来托底。人生也是如此，你们在做规划的时候，可以制定一个远远高于自己水准的版本，但也要记得，给自己安排一个托底的计划。

然而，这些都不是最重要的，如果最后你只达成了中间版本，也要肯定自己——这才是最重要的。在人生均值回归的大趋势下，你已经做得很好了，拥有平和的心态，会让你的人生回归到一个叫平淡是福的均值中。精英的人生固然好，但幸福的人生才是我们的终极追求。

聪明人都会藏锋守拙

如果用四个字总结我人生前三十年得到的最大经验教训,那就是藏锋守拙。什么意思呢?就是为人处世要不露敏于人前,学会"扮猪吃老虎"。

你们想想,那种最厉害的角色一定不会是叽叽喳喳、锋芒毕现的——像《甄嬛传》里的华妃,最厉害的一定是你平常都感受不到这个人的存在,但是最后能够全身而退、获利最多的人。那么,这种人身上一般有什么特质呢?

第一点，他们会适当展现一些自己无伤大雅的缺点，甚至是道德瑕疵。

我就认识一个姐姐，她在公司的人设是"咸鱼"，看似与世无争，大家都觉得她没有什么事业心，甚至公司内斗的时候，都没人拉她站队。结果鹬蚌相争，渔翁得利，最后被大老板钦点升职的人反而是她。

在她身上，"咸鱼"只是一种人设，表面不主动参与斗争，背地里闷声干大事，该争取的、该努力的，一件没有落下。

第二点，他们很擅长用沉默来为自己的价值赋能。

你去看，那些特别厉害的人，往往表面上看起来都是笑眯眯的、特别好说话。可是，话题只要涉及他的隐私和利益，他们就会绝口不提，任你怎么套话都没用。而且，他们是不会轻易与人争论的，哪怕他心里再不认同，也只会笑着点头。任何和他利益无关的事情，他都没有立场。

我真心觉得，人不仅要掌握说话的艺术，也要懂得沉默的智慧。

再给你们讲个小故事，安迪·沃霍尔晚年的时候，对自己的作品闭口不提，他说这招是跟杜尚学的——你对自己的作品谈论越少，就会有越多的媒体、评论家来谈论它，而他们谈论得越多，你的作品就会越值钱。懂了吗？适当的沉默甚至"装傻"，一问摇头三不知才是顶级智慧。

第三点，坦然示弱，不需要有什么"示弱羞耻"。

越爱逞强的人，其实内在越软弱，正是因为这份软弱，他才需要躲在这种坚硬、冷漠又拧巴的外壳里，才无法放下脆弱又可笑的自尊。真正的强者往往都是藏锋守拙的聪明人，他们能够坦然示弱。

示弱是术，而非道。示弱不过是以柔化刚的手段，是最大化获取利益的途径而已。除此之外，它不代表任何其他额外评价。即使一个人今天示弱了，他心里也要明白，这个行为无法定义他的本质，他的自尊不会和行为捆绑在一起。因为行为只导向目的，目的只导向利益。

举个简单的例子，我有个特别会谈恋爱的朋友，她每次跟男朋友吵架后，一定是她主动示弱，去哄对方。我以前完全理解不了，觉得这也太弱了吧，这么快认输不觉得丢人吗？后来她对我说：她这么做纯粹是嫌麻烦，因为每次两个人一吵架，势必会耗费她很多时间和精力成本。为了节省下这部分的成本，示弱认错就是一种最高效的手段。她从来都不觉得自己因为"主动去哄"这个行为就变弱了，照她说的，她可以随时哄，也可以选择不哄。

相比之下，对方才是被动的——只能处于等着被哄的状态当中，等待着有一个人去打破僵局，等待着关系缓和，至于什么时候缓和，以什么样子的方式缓和，他都无权决定，他只能被动接受。这就是感情当中的"扮猪吃老虎"，表面看起来，我朋友完全不占上风，但实际上，她才是这段关系的高位者，所有的发展节奏都在她的控制当中。

第四点，也是最难的，就是让别人坐庄，但自己发牌。

那些懂得"扮猪吃老虎"的人，往往看上去都是特别好商量的，而且经常让权给别人，他们可能会说："你做主就行""我都可以，你来选吧"。实际上，发牌权自始至终都掌握在他们手里。

举个例子，我有个深谙此道的朋友告诉我，他在工作中跟别人对接的时候，即使方案 A 是他最想让对方选的，他也不会直接把方案 A 给过去，而是会加上一个远差于方案 A 的方案 B，一起拿过去给对方选。

这样做的好处在于：

1. 对方会误以为自己有选择权，会产生自己才掌控全局的错觉，你在精神上给足了他优越感，他就不会在工作上过分挑刺儿。

2. 表面上看起来，无论怎么选都是他自己选的，这样他就不容易后悔，也不太会反过来责怪你，等于是提前免责。

3. 你直接把方案 A 给对方，很大概率是要被驳回的，但你有给到一个明显更差的选项，就大大提升了 A 被选中的概率。

所以，看起来主动权在对方手里，但实际上完全是在我朋友的引导下做出了这个选择，每一步都在他的盘算中。这就是顶级的"扮猪吃老虎"，以退为进，表面上没有权力，实际上心里门儿清，只要达到他想要的目的就可以了。

以上就是藏锋守拙的四个方法。

当然，每个人年轻的时候都会忍不住锋芒毕现，渴望尽情展示自己，但随着年纪渐长，经历的事情越来越多，自己的内核逐渐变强，反而觉得往后退一步挺好，低调处世也是一种人生智慧。

我的"宇宙第一法则"：
忘字诀

爱一个人最好的方式是忘记他，解决一个问题最好的方式也是忘记它。

我在看哲学类的书籍时发现，不管是西方哲学还是东方哲学，不管是《心经》的"五蕴皆空"，还是《金刚经》的"三句义"，不管是今天说了"吾丧我"，还是明天说了"无为而为"，让我总结的话，我会告诉你，所有这一切，讲的都是同一件事，甚至是同一个字，那就是：忘！

在我心中，这个字可以说是浓缩了整个宇宙的奥义。以我贫瘠的语言，可能没办法完全表达清楚，但我会尽力而为。

我会从三个层次，由浅入深地来聊一聊这个"忘"字，希望可以解答你人生的一些困惑。

第一层，你比你想的你还要大。

可能很多人都不知道人脑有个神奇的机制：当你的意识决定去做一件事情时，你的大脑在0.3秒之前就已经开始做决策了。因此，我一直认为，有时候依靠直觉才是最精准的决策方式，直觉是你的大脑在收集了信息并且整合了过往经验之后所得出的结论，只不过这个过程太快了，快到你没有意识到。

有时候我们会说"啊，女人的第六感很准"，可一旦你开始理性思考，用你的思维去干预直觉，反而就会不准了。所以，第一层的忘，就是忘记你的思维。如果很多事情你总是犹疑不决，不如就靠直觉来做决策吧，不要瞻前顾后。

你不思考的时候反而是最聪明的，因为你的身上本来就住了一个"神"。这个神的名字叫"潜意识"。正如前文所提到的，你能够察觉到的自我意识，只是冰山上的1%，可冰山之下还有 99% 的潜意识。只有当你忘记你的思维，不被主观的思考蒙蔽双眼时，这个"神"才会出来帮你，你才能来到冰山之下，超越那 1% 的自己。

第二层，你比你想的你还要小。

我在开头说过，"爱一个人最好的方式是忘记"。

这句话有两重意思。

第一重意思是忘记会让你放下我执。人之所以一谈恋爱就痛苦，往往是因为你把自己看得太重了，你觉得你很重要，所以你不能接受对方的无回应。只要对方一不回消息，你就疯了。但如果你发完消息就忘了呢？如果你不再想着他，该干吗干吗，那你可能就会发现维护这段感情是很轻松的，你就不会亲手毁掉它了，一切反而会变得更好。

这就是忘记的力量，它让你不再有各种情绪的干扰，不再有得失心，不再有我执。

第二重意思会更深一点：当你执着于被爱时，你的能量场是极度匮乏的，你的每个行为都在说：我好惨，快来爱我吧，我好残缺，快使我变完整吧。

因为想要,所以匮乏;因为匮乏,所以绝望。而这种绝望的气场根本无法吸引他人来爱你,只会把人推得更远。

所以我说,如果你想得到一个人、得到一份爱,得到这世界上的一切东西,最好的方法就是忘。正所谓"两手空空,才无限拥有"。

我想问问大家,为什么顶级的武功秘籍往往一个字都没有?为什么无论我们如何用力地活着,最终都有一个死亡的结局?

其实在二十五岁之后,我有个非常强烈的感觉:人生是一个首尾相衔的环,是一个从零到零的过程。

当我们还是孩子的时候,看山是山,看水是水。随着渐渐长大,脑子里有很多想法、很多意识,于是,看山不是山,看水不是水。可最后呢,一旦参悟,看山依然是山,看水依然是水。

我们学习那么多知识,不是为了得到什么,而是为了忘记,为了去除偏见,一点一点,把偏见归零。我们如此努力地成长,终其一生追求的,竟然是婴儿的状态——纯粹、无知、安然自得。

这就是我要说的第三层意思，如果你在看这本书的时候，刚好为人生感到痛苦，希望它能给你带来一点点启发和治愈。

最后，我想改写一下《金刚经》的三句义作为总结送给大家：

人生之所以是人生，因为它不是人生，所以它才是人生，做人就是要开心，有时候你不妨当它是一场游戏，不要太较真。

读懂了死亡，
就学会了珍惜

想和你聊一个很多人都不敢面对的话题——死亡。

从小到大，我们似乎都没有接受过死亡教育。确实是这样，在我们的文化背景下，死亡是一件太过消极、太过不祥的事情，以至于我们非常忌讳谈论它，甚至很多时候，我们都假装它不存在。

然而，每个人又必须经历它，当它真正来临的那一刻，我们恐惧、懊悔、遗憾、颤抖着接受宇宙的清算。正因为从来没有好好思考过死亡，我们才无法平静地走向生命的终点，也永远无法想清楚人生的意义、生命的价值到底是什么。

我记得我第一次直面死亡是在 2008 年。那年我十五岁，我记得很清楚，那天下午我上完数学补习班，还买了一碗馄饨带回家，一推门进去，看到爸爸妈妈脸上的表情是我从未见过的凝重。他们告诉我，我的姨父出事故，不在了，所以他们马上要过去处理后事，让我照顾好自己。

我的大脑一片空白，等我反应过来的时候，爸爸妈妈已经离开家了。我坐下来，打开那碗馄饨吃了起来，一种类似本能驱动的机械性行为，然后吃着吃着，我就开始掉眼泪。

"永远"这个词终于在我身上奏效，我永远都见不到他了。这是我第一次，也是唯一一次意识到什么是永恒，竟是以如此残忍的方式。

可能很多人不理解，姨父跟自己又没有血缘关系，怎么会这么难过呢？但他是我除了爸爸妈妈之外最喜欢的大人，跟血缘没有关系，我至今仍然觉得他是我认识的最可爱、最可敬、最善良、最完美的男性。

这样一个亲人的离开,带来的冲击和悲伤是非常绵长的。那时候我还不知道要怎么形容,但我现在明白了,因为他的离开,带走了一部分的我。那些我们之间的小秘密。童年时跟他单独相处的时光。那些只有他才认识的我,永远消失了。

记得后面的好几个学期,只要我一个人在书桌前面做作业——那种特别安静的时刻,我就会想到他,然后我就会流眼泪,但是我不敢哭得太大声,只敢悄悄流泪,因为我怕爸妈听见。我怕他们跟着我一起伤心。

我更怕他们不伤心,更怕好像大人们都已经忘记了,而我的悲伤就会显得特别尴尬。

我不知道有没有人理解我的悲伤。我一直都是一个非常喜欢观察大人的小孩。我小时候总会觉得,一个亲人去世了,我们应该永远怀念他,永远记得他。然而我发现,用不了多久,大人们就会归于平静,回归生活,好像什么都没有发生过,渐渐地,大家不再提那个名字,好像他在我们的生活中从没存在过。

那时候,小小的我是既困惑又伤心,但也只能假装不记得了,然后收拾好自己不合时宜的情绪,努力跟上大人的步伐。

每每反刍死亡，这段经历就会浮现在我的脑海中。对于一个小孩来讲，无疑是很残忍的，但也让我早早明白了一些东西。比如，我们每个人都有可能随时死去，我们每个人到最后都会被彻底忘记。我在很小的时候就意识到了这一点。

听上去是不是有点悲观？但我一直觉得纯粹的乐观主义是另外一种麻木和偷懒，而适当的悲观才能带来清醒，带来勇气。

甚至现在的我会觉得，人需要经常去谈论死亡，思考死亡，它给人生带来很多好处，而非恐惧。

有的时候，当我陷入"爱别离""怨憎会""求不得"等各种各样的执念中时，我就会用死亡来破除这一切的迷障。你再爱、再恨、再嫉妒的人，最后也不过是一抔黄土，大家都一样会死去，都不过是历史的尘埃，争来争去，恨来恨去，又有什么意义？

人啊，之所以会活得逼仄狭隘、精明计较，是因为我们一直带着一种永生的幻觉，所以会认为多争一点便是好的，多抢一点才是对的。但当你意识到每个人都有可能随时死去，所有的东西都生不带来，死不带去，你便不会被很多世俗的东西吸引过去，你才有可能做到真正的看开和放下。

虽然死亡是一个终极问题，但我们却可以拿它做对比，来解决很多活着的问题，帮助我们放下执念，活得更加开阔。

此外，还有一个人生课题，再也没有谁比"死亡"这位老师教得更好，那就是珍惜。

我一直觉得我的存在是一个偶然。可能婴儿时期我从二楼摔下来那次，摔的位置稍微偏一点，我就已经不在了；可能小学时候那次司机没有刹住车，我也已经不在⋯⋯在人生的无数个平行时空里，这个时空的我，只是一个小概率事件。或许我本就不应该存在的，只是因为幸运，我才站在这里。

这么一想，我就觉得我的每一天都是白捡的，都是赚到的。这怎么能不开心呢？还有一些时候，当我生气、抱怨、愤恨，想和身边的人发脾气的时候，我就会想，我和眼前这个人总有一天要分开的，不因为其他原因，也会因为死亡。在漫长宇宙的亿万年间，我们可能再也不会相遇，一想到这里，我就不会再有任何负面的情绪，我只想上去抱住他，珍惜我们相处的每一刻。

我甚至会开始觉得，生命的意义可能就是死。正所谓"向死而生"，我心目中把这四个字诠释得最好的人是庄子，鼓盆而歌，笑对生死。他的这种高度可能我们终此一生都无法达到，但起码此时此刻，看了这本书的你们和我，可以有所领悟，多一些勇气。

真正的爱自己,不是自我讨好和自我纵容,不是欺骗自己"我的一切都是正确的"。

全方位认清自己,看见自己美好的部分,也要直面脆弱的部分;欣赏自己洒满光辉的那一面,也要正视被些微阴影笼罩的那一面。

04

别纵容惰性

也许行动很痛苦，
但不行动一定更痛苦

我个人觉得，行动力比认知更重要，不得不说，大多数人的行动力根本就还没达到需要拼脑子的程度。那些浑浑噩噩、一事无成的人，做起事来绝对是磨磨蹭蹭、拖拖拉拉的，每天东一个想法、西一个想法，几乎不能持之以恒把一件事情做好。没有行动力的人，绝对成不了事。

还有一些人可能会说，我知道行动很重要，但我现在还没有想清楚，没有计划周全，所以不能贸然行动。乍一听挺合理，但实际上也只是一种托词。因为行动就是思考，而且是真正的思考。你只有在做、在行动的时候，才能明白客观的事实是什么样的，你才能看清与目标的差距在哪里，否则一切都是空想。

一个人想要提升能力、提升认知，都得靠做具体的事情。

如何操作呢？我有几个方法供你参考。

第一个方法源于王阳明的理论，叫知行合一。

它的真实含义是：只有当你能做成一件事的时候，你才算真的懂它。王阳明不是在教你要去努力实现知行合一，而是在告诉你，无论怎样，你的知和行本来就是合一的。

我身边经常有姐妹会说，好想找一个男朋友，我说你不是真的想，因为你没有做。没有做，就说明你的潜意识中是不想的，你以为的那个显意识是假的，是在欺骗你而已。你的行为和你的认知永远是统一的，这才叫知行合一，就跟宇宙是熵增的一样，都是客观存在。

所以，明白了吗？不要试图用想法去推动行为，先做起来。就像《风吹半夏》里我非常喜欢的一句台词所说的那样："我从来不问要不要做，我只问怎么做，我只想执行层面的事情。"这就是能成大事的人和普通人之间最大的差别。

第二个很重要的方法，我称之为善用困境选择。

什么叫困境选择呢？比如你今天有一篇八千字的论文要交，为了逃避写论文，你突然开始在家里进行大扫除。其实你平常也不爱打扫卫生，但现在有一样比打扫卫生更令你讨厌的事情放在面前，为了逃避它，你立马就选择了打扫卫生，而且打扫起来还特别勤快、特别积极，这就叫人的劣根性。

这一点以前在我身上特别明显，后来我就想，与其被这种劣根性控制，不如反过来利用它。此后，我做任何事情，只要觉得没有动力、干不下去，我就会给自己布置一个更难的任务。比如，我有段时间写长篇小说遭遇瓶颈，刚好那时候有个朋友正准备考证券从业资格证，我立马就报了名跟她一起考。果然考证更痛苦，为了逃避考证，我马上就把自己的长篇小说写完了。

听上去虽然荒谬又好笑，但这一招我屡试不爽，非常好用。

第三个方法是，善于利用小事的杠杆效应。

不是只有特别宏大的事情才值得一做，古人云：不积跬步，无以至千里。大家一定要善于从细微的小事着手。

我有个朋友，他每天起床后会抄一遍经，十几年来雷打不动。这个行为的意义并不在于抄经本身，而是他通过长期坚持做这样的小事，找到了生活的秩序，也累积了对自己的信心。

再比如，有些人每天都会跑上几公里，跑步这件事对他最大的意义也不再是锻炼身体，而是他要通过这件事，确认自己是个有意志力的人。他通过对跑步的坚持获得自信，当他之后碰到大事的时候，就会比其他人有更强的冲劲儿和行动力。

这就是小事的杠杆效应。你先从做最简单的事情开始，小事做好了，你就会觉得自己很棒，做事情的能量就会越来越高。正所谓"一事恒，百事恒"，你怎么过一天，就怎么过一生，都是一样的道理。

第四个方法是，做九十分的事情，而不是一百分的事情。

在我的人生字典里面，没有"坚持到底"这个词语。我们经常会碰到很多事情，从零到九十可能要耗费50%的精力，但是从九十到一百也需要耗费50%的精力。那么，对我而言，这个九十分就是一个临界点，我会在做到九十分的时候就撤退。

很多人做事情的行动力不足，其实是因为他在做这个事情的时候感受到的难度和压力太大了。有一句话说："完成比完美更重要。"但我不这么想，我甚至觉得，完不完成都不重要，重要的是性价比和效率。如果你做事情总是能找到事半功倍的方法，那你就会非常乐于做这个事情。因为你比别人效率高，比别人性价比高。有时候抛弃坚持到底的完成思维，也会是一个很好的解题思路。

第五个方法，也是最重要的，那就是创造出真正的内在驱动力。

很多人没有行动力的根源是没有内在的深信，他不做只是因为他没有那么想做。比如有人天天喊着要减肥，但从来都不开始；有人天天想着要好好学习、好好工作，但从来都做不到。他们打心底里认为做这些事情很痛苦，等同于受罪，所以不想做，也做不到。

那么，该如何解决这个问题呢？方法只有一个，那就是改变自己的发心。

还是之前说过的减肥的例子，你别告诉自己"要减肥"，因为减肥这两个字背后所隐含的是：你觉得自己太胖了，你不喜欢自己，你要对自己采取一些苛刻的甚至于虐待的行为。如果这样想，你是永远不会开始减肥的，因为在没做之前，你就已经感觉到了恐惧。

现在开始换个思路，你就告诉自己：明天开始，我要健康饮食，要对自己好一点，要更爱自己一点，要送给自己一副更加清爽无负担的身体。你要是这么想，很难不立刻开始行动，因为那不再是一件痛苦的事，而是能够让你感受到幸福的事。

这就叫创造出真正的内在驱动力，也是我个人认为提升行动力最有效的方法，希望对你们有所启发。

我的"八倍速"人生

身为一个"自体发电机",我身边的朋友都觉得我是一个能量很高的人。我一开始干活,他们就会说:"你又要军事化八倍速工作了吗?"所以,我想和你分享一下如何才能做一个高能量的人。

第一点,学会放弃。

我的高中同桌一直想考上海某大学,但她当时的成绩,是几乎不可能达成这个目标的。按照普通人的思路,那肯定得恶补功课,努力让自己的总分达到这个大学的分数线。但她可谓"剑走偏锋",她意识到自己有一个特别突出的强项——英语,虽然其他科的成绩不太好,但英语这一门是完全碾压式的。所以,她在高二时将侧重点放到了英语上。最后,靠着英语这门特长,她拿到了该大学自主招生提前批的预录取资格,成功进入,后来又去美国西北大学读传播学硕士。

看,这就是聪明人,对自己有着非常清晰的认知,知道自己哪方面特别厉害,哪方面确实属于劣势。对于那些没有任何竞争力的事情,他们会直接放弃,选择把所有时间精力都放在最有优势的事情上面。

由此可见,努力一定要用在正确的点上才能发挥出最大效用。你要学会在最正确的点上专注而持续地发力,把你跟别人的差距不断拉大。人在社会上生存,拼的根本就不是全面发展,而是核心竞争力。你与其做一个每项都能达到八十分的人,不如做一个其中一项能达到一百分的人。仅凭这一项一百分,你就拥有了自身的不可替代性。

第二点，大家一定要找到最适合、最让自己舒服的做事方式。

在网上会看到有很多每天坚持四点起床，然后努力工作一整天的自律型博主，他们给人一种错觉，似乎真正的高能量是指每天像保持长时间高频运转的陀螺一样。实际上，事实并非如此，我个人所理解的高能量是在有限的时间内，能够最高效率地完成一件事情。

我个人很喜欢在深夜工作，所以，我睡得比较晚，起得也晚，从来不刻意追求早起。我只知道在深夜工作，我的脑子更加清晰，工作效率更高。

另外，我深知自己做事情的爆发力很强，但持久度很差，比较缺乏耐心。所以，我就选择把工作都集中在某个时间段来完成。就拿拍视频为例，我觉得今天状态比较好，可能拿起手机就拍了十条，但在未来的一周之内，我可能都不会再拍视频了。

所以，大家在支配时间和精力的时候，一定要想好什么方式是自己最舒服、最能够坚持的，这种方式往往也是最适合自己的。不要在网上看到一个自律视频就想要照搬照抄，得根据自己的实际情况来定，不要人云亦云。合适比正确重要得多，得摸索出最适合自己的那套打法，哪怕你的方式跟主流价值观所推崇的东西有出入，那也没关系。再强调一遍，合适比正确更重要。

第三点，从内卷的大环境中跳出来。

我非常反感"内卷"这个词，在我心中，它简直是高效的反义词。纵观当下社会，很多人的时间精力都消耗在了无谓的内卷当中。

比如，很多人喜欢表演勤奋，他们把自己的能量都花在了"表演"而非"勤奋"上——上学的时候，每张PPT都拍、每个知识点都记笔记。其实，这些行为更像是机械式的反射，他们的大脑并没有真正吸收知识，课后也不会去复盘，只是当下麻木地做无用功。

我个人觉得，更好的方式是不记笔记，在课堂上就全部背下来。真正的赢，并不是在一样的内卷规则当中跟别人比拼，而是识别内卷陷阱，并能从中跳出来。

说到底，内卷的关键问题还在于大家的价值观过于趋同，所有人都在做同样的事情，所有人都想要同一个东西。但所有人都在做的事情就一定是对的吗？所有人都想要的东西就一定是好的吗？它是你心里真正想要的吗？

　　你真正应该做的，是想清楚自己心之所向，是找到更远大、更长期的目标，是建立专属于你的价值体系。当你的世界足够大，就能稀释掉这种内卷的焦虑。当你不再浪费生命去玩别人制定的游戏时，才有可能活出自己的人生。

如何度过二十岁到三十岁这黄金十年

对普通女孩来说,二十岁到三十岁是一生中最重要的黄金十年,有很多人问我:到底要怎样才能好好度过这十年?其实于我而言,这十年已经过去了,但确实有很多道理是我现在回想起来会感叹的:我要是早点知道就好了。

第一,有意识地去做与父母相反的事。

这一点对于原生家庭并不是那么好的孩子来说特别重要,生而为人,因原生家庭而感到困扰,却反而会活得越来越像我们的父母。很多时候,你在父母身上照见的其实是你自己人生的局限。更可怕的是，如果不时时刻刻意识到这一点，一旦松懈下来，巨大的惯性就会拉着你迅速往下滑落。

我知道有很多人奋不顾身地想要逃离原生家庭。但你要认清一件事：困境的背面往往藏着逃生通道。如果你不想活成自己父母那样，不想复刻他们的生活，那就从现在开始，逆着他们的人生轨迹来行事。

如果你的父母好高骛远，懒惰又没有见识，过着并不如意的生活，却从未想过改变。那你就绝不要听他们的，你就走出去，走得越远越好。你绝不要复制他们的人生路径，因为结果是可见的，他们的生活你并不想要。

此外，你可以想想父母身上，最让你无法接受的点是什么，然后，你就可以在生活中有意识地去培养和他们完全相反的特质。

比如你很不喜欢父母在情感上的吝啬，他们从来不会肯定你，一直都是打压式教育。那么，当你长大后，在亲密关系中就更要学会去肯定对方，时刻提醒自己要给予伴侣、孩子积极的正向反馈。再说一遍，父母身上照见的就是我们人生的局限，倘若你不想被这种惯性带走，你就得往反方向迈步。

第二，如果可以的话，一定要尽早树立正确的金钱观和消费观。

不难看到，我们身边有很多人，哪怕已经成年了，也会非常耻于谈论金钱，总觉得金钱是邪恶欲望的象征。尤其是那些受过高等教育的人，总觉得赚钱是非常钻营、世俗的事情，而金钱就是高贵灵魂、高洁品性最大的敌人。

实不相瞒，我以前也有过这样的阶段，但后来我在一本书中读到一段话，大意是说：**金钱是中性的，它只会让人丧失原本就没有的东西，它会让深刻的人更深刻，让浅薄的人更浅薄。**

直到那个时候，我才终于放下了对金钱的偏见，钱本身没有任何颜色，你获取它的手段、使用它的方法，才决定了它是黑还是白。它像是一面镜子，折射出我们灵魂的质地。常常有人说"人一有钱就变坏"，但你是否想过，那些在有钱之后变坏的人，可能本性就是如此，善良是其从未拥有过的东西，实在不该怪到钱的身上。我一直觉得，能够大大方方地谈论金钱，不卑不亢地面对金钱，才是一个人成熟的标志。

至于消费观,就更重要了。在我们二十岁出头的时候,很容易陷入消费主义的陷阱。我见过太多大学生,省吃俭用几个月,就为了去买一个名牌包,沉迷于完全超出自己能力之外的虚荣型消费。她们也会扪心自问:"我的欲望太大了怎么办?""我控制不住自己怎么办?"

其实,你的欲望不是太大,而是太小了。人之所以会被奢侈品奴役,其根本原因在于他看不到金钱更大的力量。金钱不仅可以用来买包,还可以带你环游世界,去看更广阔的风景;你可以选择去世界上任何一个国家读书,去学习、去体验一百种人生,只要你有足够多的钱,甚至可以上火星、下深海;你还可以投资任何自己感兴趣的项目,把它做成一项真正的事业,造福芸芸众生。

所以,这才是问题的关键——你的欲望不是太大了,而是太小了。

你只能看到那些名牌包,你对"用钱买美好生活"这句话没有更多、更美好的想象,所以你才会被困在那堆 Logo 里。所以,从现在开始,请把你的欲望放得更大

04 别纵容惰性

一点。

如果你足够幸运,在很年轻的时候就拥有了可观的财富,那么我希望你可以时刻保持谦逊,对金钱,更是对命运。

我是完整见证了自媒体的时代红利的,当时有很多大学生,甚至包括高中生,他们在这个风口处收获了巨大的财富,然后他们大多选择了辍学,做全职网红。然而,大浪淘沙,时代的红利一旦过去,如今回过头再看,能够把那些财富留住的人寥寥无几。

那些来之容易的财富,就这样被他们买名牌包、酒吧蹦迪给挥霍掉了。这就是一个非常好的教训,人在过于年轻的时候,一夜暴富未必是件好事情。

无论命运给了你多大的财富,请一定要时刻保持谦逊,要对自己有非常清晰的认知。你觉得自己能飞,其实只是借力于风口的那阵风,不要错把时代的红利当成是自己的能力。正所谓时势造英雄,大势已去之后,你又是谁呢?

然后，我想再聊一下赚钱这件事，有个非常奇怪的现象，那些能够赚到钱的人，往往都不是很在乎钱。也就是说，赚钱的关键在于忘记钱。

乍一听有点难理解，我来分析一下：普通人只能看到钱这个东西，满心满眼只有它，最后可能也赚到了，但往往只是小钱，不足以将其称为"财富"，而且，这个过程还会非常辛苦。然而，如果稍稍研究一下那些富豪的发家史，你就会发现，他们一开始的发心和目标往往不是赚钱，而是做对别人、对这个世界有利的事，创造真正有价值的东西。抱着这份初心的他们，反而获得了最大的财富。

比如马斯克，他一开始肯定不是想着"我要成为世界首富"才去工作的，他想的是"我要改变这个世界""我要登上火星""我要做环保节能的电车"，正是在他为了这些目标努力的过程中，世界给予了他巨大的财富作为回馈。

这个就叫"发心"，它关乎你是否能够完全摆脱金钱的符号意义，关乎你是否能够明白金钱的本质其实是价值——你这个人的价值是什么？你做了多少对社会、对他人有价值的事情？所以，想得到金钱，就要先创造价值，而不是只想着去赚钱。发心一变，结果就会变。

第三，一定要对所有的"捷径"保持警惕。

我先问大家一个问题：你们觉得美国最危险的人是谁？你肯定想不到，答案是"沃尔特·迪士尼"。这可不是我瞎讲的，而是作家阿兰·德波顿在一个演讲上说的，我觉得非常有道理。因为迪士尼（此处的"迪士尼"并非实指，而是一个虚指的概念）给了我们太多虚假的希望，所以，阿兰·德波顿说：我们要学习世间的各种知识，目的在于要放下这些虚假的希望。

我听完这个演讲后，觉得很有意思，一下就联想到自己。身为一个女性，从出生到长大成人的过程中，其实就是被一个个迪士尼式的虚假希望所包裹。这个社会给女性所设的陷阱并不是那么好辨认的，它会以甜美的七彩泡沫形式出现，倘若你不够清醒，不能随时保持警惕，就很容易被它诱惑。

如果你出身贫穷，却十分美貌，那么在你二十几岁的时候，可能会有很多人向你抛来橄榄枝，邀请你去走一条所谓的"捷径"。他们会告诉你，长得漂亮是可以当饭吃的，你会遇到一个好男人愿意养着你、事无巨细迁就你。于是，你便觉得自己是天底下最命好的女孩，甚至会认为那些上班赚钱的女孩都很蠢，应当像你一样，趁着年轻貌美，赶紧找一个长期饭票，那才是明智之选。

更有甚者，还会被哄骗着进入一些不道德的关系当中，但那又怎样，你什么都不用做，就可以轻轻松松得到别人上一辈子班都赚不到的财富。

然而，你没有想过，美貌是会迅速贬值的资本，过不了几年，当青春不再、容颜已老，色衰而爱弛，你的世界瞬间天崩地裂，你有可能会在一夜之间失去一切。这时你才惊觉，自己原来什么都不会。

更可怕的是，你发现自己已经失去了回到正常生活中的能力，再也无法过那种普通但需要努力的生活。男人的豢养折断了你的翅膀，让你退化成一个精神上残缺的人。此时，最大的代价终于显形，但一切为时已晚。

波伏娃曾经说过："男人的幸运——在成年时和小时

候——就在于别人迫使他踏上最艰苦但也最可靠的道路。女人的不幸就在于她受到几乎不可抗拒的诱惑包围,一切都促使她走上容易走的斜坡,人们非但不鼓励她奋斗,反而对她说,她只要听之任之滑下去,就会到达极乐的天堂;当她发觉受到海市蜃楼的欺骗时,为时已晚;她的力量在这种冒险中已经消耗殆尽。"

所以,对于二十到三十岁的女孩来说,千万要对"捷径"这两个字保持警惕。你所以为的捷径大多是陷阱,它们出现的时候往往穿着彩色的外衣,藏在粉红的泡泡里;它们说着最动听的话,为你描绘最不可思议的愿景。但请你一定要时刻保持警醒,辨认出那些虚幻美好背后的陷阱,在未来人生的每一个岔路口,都请避开那些无懈可击的完美选择,请直面那些困难而正确的决定。

觉察自己的语言

我看到过这样一句有意思的话:"有一个成长的方法是,阶段性地去替换自己说的词语。"

人为什么可以通过改变自己说的词语而获得成长呢?我乍一听,觉得不可思议,但深入琢磨一下这句话,就会发现它包含了很多心理学和哲学的观点。

维特根斯坦认为"语言的边界就是思维的边界"。试想一下,人能不能脱离语言去思考?不能吧。如果没有了语言,那些无形的思想就没有了载体,也就意味着它不存在了。因此，语言能够塑造思维，而思维可以改变一个人——认知、性格，一切的一切。

举个例子，中国人讲究避讳，因为害怕一语成谶，意思是如果你经常说一些非常晦气的话，它真的会成真。为什么呢？因为你不经意间说出的这些话，都在无形之中重塑了你的思维。你说你越来越丑了、没钱了、运气不好——如果老是把这些话挂在嘴边，你的潜意识就会相信和认同，虽然你的显意识还意识不到，但你的潜意识会把这些东西深深植入你的内心，会支配你的行为，让这一切成真。

还有一些人喜欢自嘲，天天把贬低自己的话挂在嘴边，还美其名曰谦虚。其实，只有当你身处高位，真正厉害的时候，你的自嘲才是一种自谦和风度。

对于咱们普通人而言，自嘲只会带来伤害。

首先，它会暴露你的讨好感，有些讨好型人格因为太害怕在社交场上不受待见，就会习惯性放低自己来衬托别人，试图通过这种方式来获得好感。然而，他高估了人性。我们往往会更喜欢比自己厉害，同时又能放低身段的人，对于像同事、同学、朋友这样跟自己"平级"的人，甚至比自己还要弱一点的人，你越自嘲、自我贬低，人家越看不起你。

自嘲的本质，就是一种内在的自我攻击。当一个人习惯了自我攻击，经常用一些很负面的话来自我调侃、自我定义，久而久之，他对自己的认同感就会变得非常低，就会变得厌弃自己、不爱自己，认为自己就是一个如此糟糕的人。最可怕的是，这些想法慢慢都会一一成真，正所谓："人生，就是一出自证的预言。"你说的每一句话，都在预言你的人生。

除去这些对自己的负面评价，大家还要警惕每天都在说的一些网络热词。

中华上下五千年，我们的语言博大精深；我们有着悠久的历史、璀璨的民族文化；我们的诗歌传颂古今中外，是艺术最简洁凝练的表达方式。然而，在当今互联网时代，文字语言却在悄然退行，年轻人更习惯于说一些非常简单粗暴的网络热词，而非细腻真诚地去表达自己的感受。

别纵容惰性

很多人可能意识不到这件事情的危害性,意识不到如果一个人天天说网络热词,那么自身的语言系统往往会变得更加单一,词汇量会逐渐匮乏。因为在这个过程中,你放弃了自我思考与表达,每天都把自己独一无二的情绪与情感嵌套到一个非常相似的公共话语当中。

换句话说,你已经把自主表达权让渡给了网络热词,甘愿让其越俎代庖——替你表达,你也就此失去了思维训练的机会,自然会越来越肤浅。

事实就是如此,你说的话越肤浅,你整个人就会越肤浅。所以,我们一定要对自己说的话保持警惕。多看书,多接受传统语言的熏陶,让自己的思想变得深刻,这样才能在说话的过程中慢慢训练自己的思维,让自己越变越积极,越变越深刻,越变越优秀。

你说什么样的话,你就是什么样的人。

摆脱"灾难化"思维：
一切原地悲伤都是徒劳

　　这两年，我常常听到这样一句话："允许一切发生。"大概意思是说，当你可以允许遗憾发生、允许世事无常、允许所有一切你理解或是不理解的事情存在时，你就可以做到真正的洒脱与豁达，不再受到任何负面情绪的干扰。

　　真正摆脱精神内耗——这话听起来还是挺让人向往的，但我们似乎都忘了一个问题，到底要怎样才能够做到允许一切发生？

04 别纵容惰性

一个人如果想要做到接受一切,首先就要"忘记"自己。

人之所以会有遗憾、有不甘、有痛苦,究其本质都是因为把自己看得太重了。你觉得你很重要,所以不能接受没有人爱你;你觉得你很厉害,所以不能接受失败与挫折;你觉得你是存在的,所以不能接受那些令你感到不舒服的东西存在。但事实上,这些都不过是你的执念罢了。你唯一能做的,就是忘记自己,放下我执。

庄子在《齐物论》里有个说法,叫作"吾丧我",意思是:我什么都不是,我不是庄子,我不是蝴蝶,我甚至都不是尘土,我是空的,我什么都不是。就因为我什么都不是,我也不再执着于我是谁,也因此得到了真正的自由。

作为一个十足的体验派,我一直觉得"我"是不存在的,我只是借由这具肉体来短暂体验一下人世间。

大多数人渴望活成成就派。对于成就派而言,人活一世就必然要站到山顶去看风景,因为他们的人生没有容错率,没有任何推翻重来的可能,所以理应要在特定的时间段内达成特定的目标，理应要过一种精确算计的生活。只有结果和成就，才能抵偿虚无人生中难以避免的焦虑。

但是，对于我们体验派而言，人生只是一场浮生羁旅，生活无论如何都会结束，但这绝不是一种悲观，而是要在认清生活的限度之后，将所有的热情与勇敢、善意与坚贞，都托付给当下的每一刻。没有我执，只有当下。禅宗有句话叫作"**当你忘了月亮的时候，你也就得到了月亮**"。生活也是如此，当你忘记自己的时候，才是真正享受生活的时候。

接下来我想分享的方法是停止对抗。

大家回想一下，当你失眠时，是不是越想对抗失眠，就越睡不着？因为对抗意味着受力，力的作用是相互的，当你想要对抗一件事情的时候，你就必然会受到它的影响；反倒是当你不在乎失眠，告诉自己"那就随便吧""那就不睡了，无所谓"的时候，反而不知不觉就睡着了。

所以，很多东西你想要不受到它的影响，应该做的并不是胜过它、压过它，而是放弃与之对抗。只有当你放弃对抗，才能从两股相滞的力量中得到自由。

失眠如此，失恋更是如此。总会有人问我：如何从失恋的痛苦当中走出来？如何忘记那个爱而不得的人？

我的回答是：你要做的并不是逼迫自己去忘记，而是要放下"必须忘记他"的这个执念，放弃你和他之间的对抗。忘不了，那就接受，接受它的存在，就像你接受每天早上起床要刷牙，接受你患有鼻炎这样的慢性病……把它看作生活中无法规避掉的不便与不适。久而久之，你就会发现，哪怕忘不掉，他也不会再对你的生活产生什么影响了。这个时候，忘不忘掉都已经不再重要。

人生没有箭靶，
请先射出你的箭

萨特说："相信是知道自己相信，而知道自己相信是不相信。"希望你们看完这一篇后，可以彻底明白这句话的意思。

有次我去射箭，教练是一个特别有意思的人。别的教练都是一步步教动作，他不是——他教我呼吸。会呼吸，就能轻而易举地拉开弓。然而，作为一个新手，我还是射不中，而我又是一个好胜心特别强的人，越是射不中，我就越想射中。

我再次拉开弓，睁大双眼，死死盯住那个靶心。结果，就在这时，教练对我说了一句话："你这样不行，你先把眼睛闭上。"

那一瞬间，我极度错愕，简直不敢相信自己的耳朵——把眼睛闭上？我以为是自己听错了，结果他非常确定地告诉我，真正的箭术是忘记箭靶、忘记靶心，沉浸在当下，弓拉开的那一瞬，让你的心和这支箭合一，它自然就会带你去想去的地方。

结果，你们猜怎么着？我重新调整状态，又试了几次之后，竟然真的射中了。

那一瞬间，我有一种奇迹降临的感觉。一场小小的射箭，把我们所有人完整一生的隐喻都暗含在了其中。不知道大家有没有想过，很多事情，确实是越想得到，就越得不到，这是为什么呢？

对此我有两个思考。

第一，当你放下目的的时候，你就已经站在了那里。

什么意思呢？我在上文中有说过，很多人减肥不成功，原因在于他一直告诉自己"要减肥"，给自己的心理暗示是"我很肥，我不喜欢我的身体，我自我厌恶"。这个目的就暴露了他的匮乏，暴露了他与目的之间遥远的距离。再举个例子，你越想得到一个人的爱，往往对方就越不会爱你。因为你的目的如此赤裸裸——"我好惨，我好想被爱，我是不完整的，我想要一个人来填补我的残缺。"越想要，就越匮乏、越绝望。

好好琢磨琢磨，所有事情其实都是这样，你放下了目的，告诉自己：我本就已经站在那里了，你才会真的站在那里。

爱因斯坦说：过去、现在和未来的区别只是执着的幻觉。所以，当我射箭的时候，我觉得我的箭早就已经在那个靶心上了。它只是要去到它该去的地方，而我，只需要沉浸在当下，让这一切发生。

第二，忘记目的会让你从有限游戏玩家变成无限游戏玩家。

我以前看过一本书，叫《有限与无限的游戏》，书中说人生分为两种游戏，有限游戏是在确定的边界里面玩，目的在于赢得胜利，而无限游戏玩的就是边界，目的是让游戏永远进行下去。

举一个简单的例子：两个人比赛，其中一人很想拿冠军，他时时刻刻紧盯着目标，不可避免地，他会时时刻刻感受到紧张与压力，而这种紧张与压力反过来就会阻碍他拿到冠军；而另外一个人单纯就是来享受比赛的，他享受每一刻、每一秒的酣畅淋漓。

我想到了谷爱凌，她一定是后者。冬奥会时，她选了自己从来没有挑战过的动作和难度——1620度转体，她当时想的一定不是我要赢，而是我就要享受比赛，就要尽兴而归。结果，她不仅拿了冠军，还创造了历史。

所以，书中说的有限游戏玩家就是平淡剧本的演绎者，而无限游戏玩家却能成为传奇的创造者。正是因为他们不执着于目的，也就不会被目的局限，才能彻底地放开自我。

在人生这场游戏中，他们不害怕变动，因为每一个变动都能触发一个新的游戏副本。他们的传奇甚至不会因为生命的终结而结束。所以，那些能够被大家记住的历史名人，无一例外都是无限游戏玩家，虽然他们的肉身死了，但他们创造的无限游戏还在继续，换而言之，他们依然在这个世界上活跃着。

所以,本篇开头那句话你们理解了吗?相信是知道自己相信,而知道自己相信是不相信。

请学会欺骗
自己的基因

"你和你自己其实是分离的,你和你自己其实是两个人。"我用了整整三十年才想明白这个道理。

事情缘起于很多年前,我爸得了一种怪病——他总是觉得自己的胸口痛,但是遍寻名医,所有能做的检查都做了,就是找不到任何器质性的病变。说白了,就是没病,但那种疼痛又是真实存在的。

医生没法确诊,但看着他疼,我心里更难受。于是,我就自己去查各种资料,钻进去想:这个问题到底是为什么?功夫不负有心人,我发现了有一种病叫"神经症",非常符合我爸的症状。于是,我就给他捋出了一条因果线：他的潜意识认为自己有病，当大脑接收并且确认了"我有病"这个信号之后，就会向痛觉神经发送指令，然后整个痛觉的神经线路便连通了，他就真实地感觉到了疼痛。

然而，我爸的所有观念和想法都属于他的显意识，他根本就觉察不到自己的潜意识正在欺骗自己的身体。听到这里，是不是觉得很吊诡？

但我们的身体就是这样神奇！虽然我们总觉得自己是一个整体，认为自己是自己的主宰，能够完全控制自己，实则不然！你的体内还藏着一个"你"，你跟"你自己"根本就是两个独立的存在！当我想明白这一点后，看待世界的视角完全不一样了！

紧接着，我又有了一个很大胆的想法：既然如此，我能不能把那个看不见的"我"变为己用？

想一想我们的人生，最低级的一定是被基因控制，变胖、变懒，被自己的劣根性拽着走。高级一点的，就是学会自律，但这个过程相当痛苦，因为你要不停地与习气对抗，对抗本能、对抗天性，稍一松懈，可能立马就会顺着惯性滑落。所以，最聪明的做法是去欺骗自己的基因，让显意识去欺骗潜意识，让你的基因忘记它本身的样子，反过来帮着你一起干活。

这么听来，是不是觉得像应用心理学？

其实，为了验证自己这个大胆的想法，我去查了很多神经科学和脑科学的资料，发现 2009 年诺贝尔生理学奖得主伊丽莎白·布莱克本（Elizabeth H.Blackburn）曾说，好的想法可以改变基因表达，而且好的想法会让染色体的端粒变长。神奇吗？这一切都不是一个全然抽象的概念，不是什么所谓的意识和想法，它是实实在在的存在体，甚至可以被映照于肉眼可见的物质存在上。

我来分享两个生活中见过的成功实践。

第一个是我自己的例子，以前我是一个非常优柔寡断、性格有些"黏糊糊"的人，我们全家都是这种性格。

但我不喜欢，因为这种性格导致的精神内耗实在太严重了。后来，我就不断暗示自己：真实的我是一个风风火火、杀伐果断的人，为此我还找了很多论据去证实这个想法。我告诉自己：基因隔代遗传，我遗传了爷爷的性格（因为他很早就去世了，对我而言最陌生），我观想他是一个说一不二的狠角色。结果,现在的我,完全就是"穆桂英挂帅、花木兰从军",一点都不黏腻拖沓,我成了自己原生性格的反面。

另一个例子是我的一位模特朋友,一米七八的个子,特别瘦削,她经常把"哎哟,我这个人胃口很差的""唉,我就是不喜欢吃饭,吃饭好累""我天生瘦,没办法"之类的话挂在嘴边。

有一次,她爸妈来上海玩,我们一起吃了顿饭,我惊讶地发现她爸妈竟然都属于超重体型,而且超了不止一点。席间,她妈妈还调侃说,她青春期时胃口超好,是个小胖子,后面因为爱美开始减肥,是靠自己硬生生减肥瘦下来的。

我后来又回想了一下她平常的一些行为,才猛然意识到,她就是属于很会欺骗自己基因的类型。当然,这种欺骗行为她自己是意识不到的,因为她早已从内到外都接受了这个设定。所以,想法是真的可以改变基因的表达,但前提是你要真的相信。

希望大家在看完本篇之后,都能学会"欺骗"自己的基因,能在任何维度上,都成为任何你想成为的人。

04　别纵容惰性

不抛弃因果律，
很难成功

先问大家一个问题，一加二加三加四加五加六……不停地加上去，加到无穷数的总和是多少？你肯定会说：不就是无穷大吗？那如果换一种算法，跳出自然数的线性思维，用黎曼 Zeta 函数来计算，结果是 $-1/12$。当然，我不是要给大家演示推演的运算过程，也不讨论结果到底是无穷大还是 $-1/12$，只是举一个例子，希望大家能先抛下惯性思维，用最简单的思维来思考接下来的内容。

首先我们要达成一个共识——我们所知道的因果只是经验主义和惯性联想。比如，你理解了一加一等于二，那你就不能理解一加二加三加四加五加到无穷竟然等于 $-1/12$，中间的因果链断掉了？事实上，这个因果链从来都不存在，是我们人为强加上去的而已。

再往深一点说的话，人类所能认知到的一切都源于人们的自我意识。比如你现在看到的这个世界，它都是人的眼睛所捕捉到的信息，在视网膜上成像之后，再被我们的意识翻译出来。但是，如果你是鱼、是草履虫，或者你是靠声波来感受这个世界的物种，那你"看"到、感知到的世界就会完全不一样。

我们继续假设，当你进化出了更高级的器官，那你"看"到的世界又会截然不同，这本书可能就不再是"书"，你可能还能"看"到萦绕在它周围的"炁"。

简而言之，我们现在看到的世界，都是局限于我们的认知范围内的，仅此而已。看到这里，可能已经有人蒙了，然后会问：这是物理学？数学？对我们人生有什么指导意义呢？当然有了！如果你真的能抛下因果律的话，它起码可以带来两大益处：第一，可以解决你所有的精神痛苦；第二，它可以真实地让你的人生变得更好。

先说第一个，我们都知道弗洛伊德心理学是基于因果律的，然后阿德勒就出现了，他推翻了前者的说法，阿德勒心理学就是反因果律的，他推崇目的论。按照我们普通人的思维，过去导致现在，现在成就未来，这是一条非常清晰的因果链。但阿德勒认为，不是过去的原因决定了现在，而是未来的目的决定了现在。

有一本非常畅销的书叫《被讨厌的勇气》，里面就提到了阿德勒的这个目的论，书中举了一个非常生动形象的例子：一个人很抑郁，不想出门，他并不是因为过去受到了什么创伤造成了心理疾病才导致他不出门，而是因为他的不想出门才制造出抑郁情绪。所以，当你理解了阿德勒的目的论，你就知道解决办法并不是回溯过去——不断寻找什么原生家庭的问题，而是往前看，建立勇气，去改变对于未来的目的。

第二，为什么我会觉得抛下因果律可以真实地让我们的人生变得更好？

可能有人会问，因果不存在，那岂不是人生的一切都是命中注定的了，努力还有什么意义？恰恰相反，正是由于因果不存在，我们才能更好地改变人生。我先对阿德勒的理论做一点扩充，在我看来，当下可以同时改变过去和未来，佛教讲成、住、坏、空，空是什么意思？空不是"没有"的意思，也不是"有"的意思，它是一种叠加态，就类似于"薛定谔的猫"，类似于量子纠缠。上述这些理论都指向平行宇宙是存在的。

所以，你当下的每个瞬间，都会分裂出无数的平行宇宙。倘若你把这些平行宇宙想象成无数条线，你可以在这些线之间自由穿梭。当你跳到不同的线上，你的过去和未来自然也就发生了改变，这就是所谓的当下可以同时改变过去和未来。

未来可以被改变，这很好理解，那过去怎么改变呢？我们换种说法，你靠什么确认过去的记忆？

现实告诉我们，人的记忆有很大一部分都是被虚构出来的，你是你自己的"剪辑师"，你只会留存自己愿意相信的那些片段，甚至你还会在潜意识的支配下加以篡改——你自己都未必能觉察到。

我举一个容易理解的例子吧，有一个人现在过得很差，当他回想起自己悲惨的童年，就觉得父母都不爱他。但是，倘若他现在过得非常幸福，当他回忆起自己童年的时候，就不会有那么悲惨的感觉了，他可以更为容易地对过去释然，甚至还能回想起自己和父母之间少有的温存时刻，这就是最浅显意义上的现在改变过去。

对于现在改变未来，我也觉得不是因为因果律，不是你努力了就一定得到结果，而是现在的你自信、努力、乐观、积极，你的状态很好、能量很高，当你自身的能量和无数平行宇宙中那个最好的"你"的能量发生共振了，你就跳到了那个最好的平行宇宙当中。

当然，最好的你、最差的你和现在的你都是同时存在的，就看你当下选哪个版本。

所以，命运当然是可以改变的，但改变命运的方式不是靠乱七八糟的手段，而是你要觉察自己当下的每一个起心动念。正如我在前文中提到的，里尔克对我影响至深的一句话："人的命运是从你身体里走出来的，而不是从外面走向你的。"再次强调，希望对你们也能有所启发。

一句人生咒语：
反者道之动

人，一定要学会否定自己！是不是感到很惊讶，难道不应该是肯定自己吗？这里的"否定"不是传统字面上的意思，且听我慢慢道来。

《道德经》云："反者道之动，弱者道之用。"我觉得这句话浓缩了东方哲学的顶级思想，不夸张地讲，你只要参透了这句话，就已经掌握了解决你人生中各个层面问题的"金钥匙"。

第一层——物极必反，所有事物都会走向它的反面。

所谓的正反、好坏、强弱、阴阳，都可以互相转化，甚至当下最流行的MBTI测试中的I和E都可以彼此转化。

看到这里，你们一定就明白了为什么我会说人一定要学会否定自己吧。这句话的真正含义是：你不需要被任何标签局限，你不是弱者、不是丑人、不是社恐，这都不是你，你是他们的反面，你是女王、是明星、是富豪。

这在心理学上是有依据的，有个心理学效应叫罗森塔尔效应，说的是信念是自我实现的预言，比如你性格很软，是个"软柿子"，那么你就要在刚认识别人的时候，有意无意地给自己贴上"脾气强硬"的标签。

这么做有两个好处：第一，它不通过你的行为去塑造别人对你的印象，而是抢占语言高地，主动对别人暗示，人家就不容易欺负你；第二，这种暗示是双向的，暗示别人的同时，也是在暗示你自己。你经常说自己性格硬气，这种潜移默化的自我暗示就会让你的性格真的越变越硬气。

第二层——反者道之动，任何事物都包含着它的反面，也能生发出它的反面。

如同爱会生出恨，白色也包含了黑色。如果一个东西只有一面，只存在一种特质，那它离消亡也就不远了，正所谓水至清则无鱼，至纯等于贫瘠。

几年前，我看过坂本龙一的一个访谈，他说了一句话，大概意思是：我要把自己推到未知的疆域，我想变成一个自己都认不出来的人。这句话很触动我，我对此的理解是：人如果想要变得更好，就要去做跟自己完全相反的事情，做自己最害怕、最抵触、最不可能去做的事。当你容纳了你的反面，你才有可能发展和提升，才能完成真正的自我超越。

第三层——对反者道之动这句话的另一种理解。

这句话其实还包含了非零和的思维，正反相加并不等于零，而是会互补成为一个更加圆融的整体。高维视角更注重共赢，而非此消彼长。当你理解了这一点后，就会明白什么是消灭敌人的最佳方案——化敌为友。从来都没有什么敌人，所遇皆是朋友。

04　别纵容惰性

你也会明白什么叫施等于受，给予就是得到。倘若想要得到更多，那就得先给出去。你想要爱，那就先去爱别人；你想要钱，那就先利好他人。给予不是剥夺、不是抵消，它会加成，会增殖，会越来越多。

反者道之动，想明白了这个道理，你就不会再生出任何嫉妒情绪和对抗心理。包容一切，本自具足。

我希望你拥有与外界连接的能量，也拥有敢于孤独的能力。

05

孤岛与群岛

给年轻人的"厚脸皮"人生哲学

害羞的小孩没糖吃

我妈经常说起一个事儿：在我两岁的时候，有个邻居阿婆拿了一根棒棒糖，对我和另外一个女孩说：谁先叫阿婆，这个糖就给谁吃。结果，她话还没说完，我就在那边"阿婆阿婆阿婆"地叫个不停，边叫边跳着去够那个糖。另外那个小女孩则特别害羞，站在那边一言不发，最后，那个糖当然是归我了。两岁的我虽然懵懵懂懂，但也明白了一个道理：害羞的小孩没糖吃。

后来，读大学的时候，我们学校有个特别有名的艺术社团，当时很多同学都想进那个社团，但是它的面试很严格，要当着一群人的面表演节目。于是，很多人打起了退堂鼓，怕丢脸、怕尴尬、怕被刷下来。我也怕，但我不允许自己多想，因为比起落选，我更怕的是自己如果没有去，到时候又躲在寝室里偷偷后悔。

最后，我不但成功入选，还当了部长，学校里面的各种迎新晚会、文艺晚会都是由我主持。可以经常穿华美的礼服主持节目，心里别提多美了。因为不怕丢脸，我获得了其他人都没有的机会，大学四年过得比别人更加精彩。

再后来，我在英国读完研究生。回国后，同学们都去了大公司，找了特别光鲜亮丽的工作。其中只有一个男生没有去找工作，而是开始拍摄土味视频，很多人不理解，堂堂英国留学回来的高才生，竟然拍土味搞笑视频，实在太丢人现眼了。但他完全不在意，甚至为了做宣传，还把自己的账号贴到车上，大大方方昭示天下。我特别欣赏他，不仅才华横溢，为人还坦荡大方，是个不可多得的好朋友。

后来，又过了几年，当我的同学们还在大厂辛辛苦苦打工时，这位男生已经在北京开了自己的公司，还靠自己的积蓄买了房。

所以，我一直觉得，年轻人，特别是一无所有的年轻人，越早放下包袱、放下面子越好。面子是什么？看不见摸不着，那就是没有，不存在。做人应当务实一点、诚实一点。你缺钱，那你就大大方方去赚钱；你想要某个工作机会，你就积极主动地去争取；你喜欢一个人，就不要犹豫，大胆上前去结交。

你的脸面是什么？难道比钱、比工作、比爱情还重要吗？

说得更直接一点，只有当你出类拔萃的时候，你才有资格清高，否则可能会被人认为是装腔作势。如果你暂时还没有取得什么成就，还端着，爱面子，反而是自卑的表现。

所以，咱们真没必要清高，清高反而露怯。我一直坚信，一个人如果想真正变得自信，只能通过做具体的事，解决具体的问题来达成。你越害怕什么，就越要去做什么。当你发现勇敢一次能给你带来很大的收益时，这种正面反馈就会加深你的自我认同感，然后，你就真的会越变越好。

不要有"嘴甜羞耻"

我以前有很强的"嘴甜羞耻"，觉得那些说话好听的人都特别虚伪，或者说，总有低人一等的感觉。后来，我想明白了三件事，之后便彻底改变了我说话的风格：

第一，有"嘴甜羞耻"的人都不够大气。

一个人说话难听的底层逻辑是：他不想让别人觉得舒服，一旦别人舒服了，他就会不爽，本质还是太过小心眼儿。当我第一次意识到这一点时，我也吓了一跳，我没有想到自己竟然是一个这么小心眼儿的人。所以，我在之后的生活中就会经常提醒自己，一定要做一个大气、大度、大方的人，说几句好听话，给别人做个"心灵马杀鸡"，让他们舒服一点，何乐而不为呢？对我而言又没有什么损失，而且别人舒服了，那种正向的情绪反馈给我，我也会觉得很舒服。

第二，有"嘴甜羞耻"的人都不够聪明。

说好听话就是搭建人脉、获取资源成本最低的方式，你们千万不要觉得嘴甜就是诓骗别人、就是油滑，这完全不是一个概念。嘴甜是多看到别人的优点而非缺点，是向别人释放你的善意，让善意流动起来，可以说是一种良好的互利共赢。举一个生活中最简单的例子，有些女孩情商很高，喜欢赞美人。尤其是在亲密关系中，会撒娇，嘴还甜，把男朋友夸开心了，他为这段关系付出也会很乐意。你会觉得这是一种利用和诓骗吗？完全不会。这就是恋爱中非常健康的互动，而且男生在付出的同时，也收获了被认同、被欣赏、被肯定、被需要的感觉，男女双方建立起了愉快的共赢关系。

第三，有"嘴甜羞耻"的人内核都很脆弱。

这么说吧，只有自卑的人才特别清高，讲话生硬冷漠的人本质也是自卑的。真正强大、自信的人，他是不介意去放低自己、兼容他人的，因为他不需要在几句话上争输赢、寻找存在感，他的自尊、自爱、自我价值不是通过这种方式来体现的。千万不要觉得说两句好话就是低人一等，就是在"跪舔"别人，这种想法是内核极其脆弱的体现。强者从来都不会这么想，因为他们压根儿就不在意别人的看法，他们只奉行——我做我乐意，我强我给予。什么面子、姿态，都是虚无缥缈的东西，他们从来不在意。

看到这里，想来大家都已经认识到了嘴甜的优势，不会再说话硬邦邦的了吧？

高级的"嘴甜"如何养成

我希望你们可以明白，嘴甜的终极目的不是为了别人，而是为了去成就一个更宽容、更大度、更智慧，同时也更自信的自己。

那么，如何才能做到自然地夸人呢？

依然回到刚才那个例子，很多女生知道要在日常生活中多夸男朋友，这样他才会充满干劲儿。其实，这件事的底层逻辑在于：人性的复杂使每个人都是多面的，每个人身上都有好的部分，也有不那么好的部分。当你一直给一个人投喂赞美，就会最大限度激发他身上好的部分，被夸久了，他自己也会想：我真的有这么好吗？不知不觉间，他就会在行为上去践行你所说的这种"好"。

但是，如果你在跟一个人相处的时候一直都在埋怨指责他，势必就会对他造成负面的心理暗示，激发他身上坏的部分，让他一直作恶。我始终认为，语言不仅是一种交流工具和记忆载体，更是一种"魔法"。

在此，我就来教你们三种夸人的方法，让你们可以顺利激发对方身上最好的那一面。

第一个方法是，我建议你们在夸人的时候，不要局限于对方身上的特点，你可以多讲讲他对你的影响。

举个例子，我有个朋友是那种内核非常稳定、情绪价值极高的人，但我在夸她的时候，从来不会直接这么讲，我会对她说："你总是给我一种很安定的感觉，简直就像是我的镇静剂和充电宝。每次我觉得特别累、特别烦躁的时候，就想跟你见一面，好像立刻就能充上电。"

每当我这么说的时候，都能明显感觉到她非常开心，而且会不自觉变得跟我更加亲近。因为我通过描述她对我的影响，让她感受到了一种被需要的感觉和由此引发的独特价值感。要知道，这两种感觉才是人类最深层次的精神需求。

当你用这一招去赞美别人时，你不仅能让对方开心，还能加强你们之间的情感联结，我一直称这个方法为最高级别的赞美。

第二个方法是，你不要去夸对方显而易见的优点，而是要夸其无伤大雅的缺陷。

这该怎么理解呢？举个例子，比如说王祖贤现在就站在你眼前，如果你夸她："哇，你好美啊！你的眼睛好水灵啊！"这些泛泛之词意味着夸了等于没夸，因为她已经听过太多诸如此类的赞美了，已经对此麻木了。

所以，这时候你就应该更换思路了，你可以说："你的小兔牙好可爱啊。"就是要专门挑这种无伤大雅的小缺陷，把它放大为一个你能够 get 到的闪光点。

但是，请注意，在采用这个方法的时候，千万不要踩到对方真正的痛点，不然就得不偿失了。

再举个不太恰当的例子，还是王祖贤的样貌，但体重超重，而且还一直因为自己的身材而感到自卑，这时如果猛然间对她说："我觉得你胖乎乎的，还挺可爱呢。"那你就自求多福吧，别人只会觉得你在讽刺她。

所以，千万记住，如果你准备采用这种方法，就一定要挑那些无伤大雅的小缺陷，这一点尤为重要。

第三个方法是，在所有夸人的话术中，最重要的是真诚，你不能让别人觉得你是"为夸而夸"，或者让人感觉到你是带有某种目的，没有人会喜欢目的性过于明显的人。

那么，问题来了，如何让人感觉到真诚？这个需要你专门练习一下眼神和语气，我给大家提供一个思路：你的方向可以是营造出一种真诚而美好的氛围，而不是直接说"你好美""你好帅"，多用一些辅助手段，比如修辞手法等，说不定会起到意想不到的效果。

我们来看看善于表达的作家们都是怎么夸人的。张爱玲是这么说的："这张脸好像写得很好的第一章，使人想看下去。"是不是很厉害？

简媜是这么写的:"你笑起来真像好天气。"

布罗茨基说:"与其说你美好,不如说你不可重复。"

夸张点儿说,这些作家都好会撩动人心啊。他们的表达都不是特别直截了当的,而是有很多回旋的余地,可以说都是氛围营造大师,让人听后感觉回味无穷。

如果有心学这招的话,我建议一定要多看书,从书本中汲取养分,提高你的词汇量,做一个言之有物的人,这样才能夸得与众不同,令对方印象深刻。

别让某一类人进入你的生活半径

说实话,我是一个对身边人很包容的人,我能接受他们有不同的价值取向、不同的生活方式,但就是不能"蠢"。这绝对不是出于傲慢或者一种居高临下的鄙视,而是我在现实生活中,曾经无数次非常直接地认识到愚蠢的杀伤力有多大。

为了避免分歧,我想给这里说到的"蠢人"下一个定义。我说的"蠢"指的并非智力层面,我更愿意将之解释为,对自己没有正确认知,也无法共情他人的人。无法理解自己,也无法共情他人,这其实是一种人格上的缺陷。

首先，这样的人定会给你的生活带来很多不必要的麻烦，而且他们还不自知，更不会反省。

其次，他们最擅长道德绑架，因为他们不知道事物并不是非黑即白，而是有灰色地带，因为人性本来就是复杂幽微。他们对自己的要求或许是零分，但却趾高气扬地向别人提出一百分的要求，因为他们从来都不知道推己及人的道理。

上述两点加起来，你有没有想到你的某一个同事？自己工作不好，总是把业务搞砸，要命的是还会拖累到无辜的你，让你帮他善后。你一旦对他说话急了一点，稍微有那么一点责怪的意味，他就会立刻哭着埋怨你，反过来问你为什么要这么凶，为什么要这样故意为难他、欺负他。他什么都不擅长，只擅长道德绑架。

最后也是最重要的，愚蠢大概率会生出残忍。

说个小事儿，几年前我还在北京的时候，有次去见一个影视公司的老板谈版权合作。我刚进公司，还没有走到办公室，就听到他特别大声地在打电话，我当时就觉得这个人也太粗俗了吧。

结果，他看到我来了，立马就挂了电话，然后用温柔平和的音调跟我道歉，解释说刚刚他是在跟他们新开发的园区的包工头打电话，因为装修师傅长期在噪声特别大的环境下工作，所以听力一般不好，他在跟他们打电话的时候，就会刻意把音调提高，方便他们听清楚。

我当时真是既震撼又羞愧，因为我有时候在公共场合碰到打电话特别大声的工人师傅，就会下意识觉得对方没素质。我完全不曾考虑过，他们之所以这样是因为工作环境导致听力受损。那一刻，我觉得自己真是又蠢又无知，而这种蠢和无知造成了我的傲慢和刻薄。

愚蠢是滋生残忍的温床，因为真正的善良一定是建立在智慧的基础上。我们平时看社会新闻会发现，那些加害者在面对铺天盖地的舆论指责时，依然会表现出一脸无辜、困惑的样子，很多人说这是坏，但我觉得不仅是坏，更是蠢。因为蠢，他没有办法理解他人，同时也丧失了最基本的同理心，愚蠢能够很轻易地滋生出残忍。

有位名人曾经对蠢和坏发表过一段言论，具体内容我记不清了，但大概意思就是说：蠢比坏要更加难搞，因为你可以很直接地用自己的力量去抵挡坏、反击坏、战胜坏，但愚蠢根本无法防卫，因为愚蠢的人自有一套逻辑体系。

在蠢人的那套逻辑体系里，你所有的抗争都是无效且没有意义的，他完全不服从人类最基本的理性行事。他们总是自以为是，自鸣得意，油盐不进，任何你试图说服他的话，最后都会变成对牛弹琴。所以面对坏，我们还有赢的胜算，但面对蠢，真的是毫无办法。所以，归根结底，我们只有从源头上杜绝蠢，不要让任何蠢人进入你的生活半径。

不预设别人是坏人

某次直播时,有人问了我两个问题:我是谁?什么是自我?

我回了他一句很拗口的话:"我不是我以为的我,我也不是你以为的我,我是我以为你以为的我。"这句话出自《自我的本质》。通俗一点讲就是:你不是你眼中的你,你眼中的别人才是你自己。是不是觉得快绕晕了?其实,我是想告诉你一个可以让你变幸运、让你的人生变得顺遂的方法。

上一篇中，我讲了一个关于在公共场合打电话声音大的小故事，那件事对我的冲击真的很大，我第一次切身认识到自己的无知和刻薄，我发现自己确实会下意识地预设别人不好，预设生活中碰到的事情都很糟糕，而这种预设反过来又影响到我的生活。

比如开车的时候，如果碰到有人超车或者抢道，你可能就会觉得这个人有病，然后"路怒症"大爆发，非要跟他追个"你死我活"，结果双双被交警拦下，这就是事先悲观预设给自己带来的祸患。如果一开始你不去预设他素质很差，而是想到万一他是碰到了非常要紧的急事，万一他的车里有一个马上生产的孕妇，或者有赶着去医院的病人，那你还会这么生气吗？你还会想要跟他争个输赢吗？肯定就不会了。

如果你能这么想，你的心情就不会受到任何影响，你也就不会因为在马路上飙车而被吊销驾驶证了。

这就是唯一能让你变得幸运、让你的人生变得越来越顺遂的方式——**凡事都往好处想，任何时候都用正向思维去思考，把他人想得好一点，把这个世界想得好一点，然后你就真的会越来越幸运。**

回到我开头讲的那个哲学观点,世界之外只有你自己,外界的一切都是你自己的投射。你看别人好,其实是你好;你看别人坏,其实是你坏。当你坏的时候,谁会愿意来帮助你呢?所有的贵人都对你避之不及,宇宙间一切正向的能量都离你远去,你能够吸引来的都是跟你相似的负能量,那你的人生肯定会过得越来越坎坷,越来越不顺。从来都不是心随境转,而是境随心转。

有一本书里写过这样一个动画片的情节:一个犯人在疯狂摇着铁栏杆,他很绝望,他想出去,但他却没有发现,其实他左右两边都没有栏杆,完全可以自由出入。可是,他的眼中只有面前的栏杆,一直都没有发现自己其实是自由的,完全被自己狭隘的内心给困住了。因为他心中有一座监狱,这个世界就变成了一座监狱。

很多时候,我们就是这个犯人,世界如此糟糕,是因为我们把它想得很糟糕,人生如此不顺,是因为我们把它想得很不顺,我们预设了这个世界就是一座监狱。

当我们把心打开,把一切都想得积极、美好时,就会发现,哦,原来自由之路一直都在。

情绪成熟是一种
高级的修养

实不相瞒,在看《狂飙》的时候,我真是无时无刻不在心里疯狂记笔记——从高启强这个人身上可以学的东西实在太多了。但是,最适合普通人借鉴的是他的情绪管理能力。我们就来聊一下如何复制高启强的情绪控制技能。

第一招:抽离审视。

还记得他们吃猪脚面那场戏吗?特别精彩的高手过招,饭桌就是战场。当时,安欣为了诈高启强,把手表往桌上一拍,给他一分钟作为救赎的最后时间,那可真是把高启强心里的那根弦崩到了极致。然而，高启强到底是高启强，在这种极度紧迫的时刻看上去仍淡定自若，安欣给的最后一分钟，他都拿来吃面了。

我们来分析下，高启强是如何做到这么处变不惊的。

因为他一直就没有跳入安欣设的局，他用上帝视角看着安欣字字句句背后的试探。换句话说，他开启的上帝视角或者说观众模式，就是一种抽离。

在这种情况下，他能让自己瞬间冷静下来，反应迅速，各种应对话语张口就来。这在心理学上也是有说法的，我举一个现实的例子，比如有人骂你，他的每句话都让你非常生气，你很想与他对骂，这种时候，你该怎么控制情绪呢？你试试换一个视角，不要把自己当成戏中人，而是作为一名看客，就静静地看着对方攻击你时口不择言的样子。

如果你能这样居高临下地俯视他，那你就不会被他牵着鼻子走，只会觉得他很可笑，在这个过程中，你就能控制住自己所有的负面情绪。

简而言之，就是我不入你的戏，不接你的招，不认可你的游戏规则，甚至可以让这个游戏不复存在。你还想激起我的情绪？门儿都没有。

第二招：Fake it。

高启强不仅深谙《孙子兵法》，还深刻理解了加缪的那句"蔑视，可以克服一切命运"。高启强和黑社会老大徐江一共交手五次，且每一次都掌握了主动权。在面对徐江的时候，高启强真是把"空城计"演足了，比如他谎称自己手里有证明徐江犯罪的录音，他在徐江面前有恃无恐的样子，让徐江相信他真的手握自己的把柄，而且背后有人撑腰。不得不说，高启强是有表演型人格在身上的，但他从始至终都没有露过一丝怯。

最后一招：高球策略。

这招进阶了，因为它不是在教你如何控制自己的情绪，而是如何去控制别人的情绪。

剧中有这样一场戏：安欣主动去高启强家吃饭，实则是想寻找他丢失的手枪的下落。画面里，一个上锁的柜子，两人的拉锯和争执，这一切都是为了把安欣的心理预期给拉高，等伏笔埋够了，悬念留足了，安欣的心里面已经有八百种想象了。结果,柜子一开,是个电视机,观众可能都要为安欣叹口气。他的情绪就像坐过山车一样,瞬间从顶峰跌到了谷底。接着,再来一波煽情的小高峰,安欣所有的情绪就都在高启强的股掌之间,实在太可怕了。

再举一个生活中的例子吧,小时候丢了钱,回家怕被妈妈骂,聪明小孩会怎么做呢?他会先发制人,先把自己搞成特别狼狈的样子,然后在那边大哭特哭,表现出伤心绝望的状态——这就是先抛一个"高球",先把妈妈的紧张情绪给调动起来。这时候,妈妈的脑子里已经有了一百种糟糕的想象,最后你再说是把零花钱弄丢了,这时,妈妈反而会感到一阵轻松,长舒一口气的同时可能还会反过来安慰你,绝对不会责怪你。这就是高球策略,通过控制他人的情绪,来达到自己的目的。

管好嘴巴的欲望

人一定要管好自己嘴巴的欲望，我说的不是食欲，而是另外三种比食欲更加可怕的欲望。

第一种：自证欲。

我之前有条视频因为流量太大，招致了很多非议，有好多评论上来就直接说：啊，你好没文化，恐怕连二本都考不上吧。有些粉丝看到这样的评论就替我打抱不平，想要反驳，我觉得毫无必要。如果你跟这些人解释"我是某某高校毕业的"，他们又会叫嚣"那你把毕业证拿出来"；

如果你真的把毕业证拿出来,他们还会质疑你"这是假的吧?"

很多时候,别人对你的偏见并不是因为他们不够了解你,而是单纯讨厌你,这时候,如果你选择自证,就意味着你在讨好一个本身就很讨厌你的人,这是没有必要的。所以,做人只要问心无愧,自己知道自己是什么样的就行。

你的学识才能并不会因为别人对你的偏见就真的少了几分。"世人谤我、欺我、辱我、笑我、轻我、贱我、恶我、骗我,如何处之乎?只需忍他、让他、由他、避他、耐他、敬他、不要理他,再待几年你且看他。"

有句话这么说的来着,一个人类对另一个人类的评价永远无法超越他想象力的上限,你在天上,而他的想象力在地上,所以你根本就不需要向他自证,你要做的只是宽容大度地原谅他就可以了。

第二种:倾诉欲。

祥林嫂的故事大家都听过吧,向别人袒露你的痛苦和伤口,就意味着暴露底线。你以为你能够得到怜悯和同情,但你有没有想过,怜悯和同情都是一种高高在上的情绪，付出的代价是巨大的，从此之后，别人再也不会把你放在一个和他平等的地位来看待。

更进一步说，人性本就是趋利避害的，人人都喜欢美好、积极的东西，想要靠近阳光积极的人。当你总是向别人吐露你的悲惨遭遇、痛苦人生，即使他们表面上安慰你，心里想的也肯定是以后离你远一点。哪有什么感同身受？人生实苦，唯有自渡。

最后一种：反驳欲。

网上经常看到有些人因为彼此之间的观点不同，就在评论区里面吵得天翻地覆，争得面红耳赤，非要争出个对错，就好像他们的时间精力都不太值钱，实在无事可干，他们的人生价值感就只能从这种无聊的争论当中获得。

然而，仔细想想，这种争论到底有什么意义？哪怕你是对的又如何？哪怕你赢了又如何？反正我现在内心已经修炼出即便有人在我面前说地球是方的，我也只会点点头说"嗯嗯，你开心就好"。反正与我无关。

总之，少自证，少倾诉，少反驳，人生真的会开阔、清爽不少。

利用人脉杠杆：
不会来事儿的人如何发展人脉

本质上，我不太相信向上社交，但我相信存在"人脉杠杆"这回事儿。如果你觉得自己性格太内向，又不太会来事儿，属于"社交废物"那一类的，那接下来的内容将会非常适合你。

第一点，筛选。

筛选永远是大于努力的，这个道理就跟谈恋爱一样，咱们只筛选、不改变。如果你们用心观察，就会发现有些人是伯乐型贵人，非常乐于提携后辈，也很愿意资源共享，他的社交状态是开放的。可能有人会质疑，这个世界上真的存在这么无私、伟大的人吗？当然没有，因为这跟无私、伟大无关，而是有些人就是通过成就别人来获得价值感。

　　我有位朋友的前男友就是这种类型的人，他曾经帮助自己的某任前女友出国留学，也帮助他另外一位前女友取得了更好的成就。我朋友跟他在一起的时候，还是一个上班族，但这个男生教她做项目，让她认识自己身边几乎所有的人脉资源，现在我朋友自己开了公司，也成了一个小富婆。

　　听到这里，可能又有人出来质疑——"是因为对方是他女朋友，他才会这么好吧。"还真不是，他对身边每一个生意伙伴、每一个朋友，都是尽力相助的。这是他的习惯，他的行事风格，他天生就是互利共赢的做派。

　　如果你们还是不能理解的话，可以参考一下早期的周杰伦，他就是典型想带着身边所有朋友都红起来的例子。还有《流金岁月》里的叶谨言，世界上真的存在这种人，他通过成就别人来获得价值感，如果你因为他变得更好，他就会得到极大的满足。

同样,另外一些人可能就比较排外。我认识这样一个人,他非常讲究"圈子",比如,他只跟同一个学校毕业的校友打交道,如果你是在他所认可的圈子之外的,你就非常难接触到他的人脉资源。对于这样的人,咱们不用试图花费高时间成本来打动他,我们只需要选择那些社交状态开放的人,去维护好关系。

第二点,单点破局。

什么叫单点破局呢?这个世界上存在一种人叫Social king,这种人就是为社交而生的公关型人格,你会发现,社会上各行各业、各种类型的人,他都认识,他就是特别擅长交际,能编织出一张特别广的交际网。然而,成为这种人是需要天赋的,我们可能成不了他,但你可以成为他的好朋友,一样能借力他的社交势能,链接对方的资源。

很多时候,大家有个误区,社交就必须认识大量的人,维护大量的关系,其实并不是这样。有一条捷径,就是你只需要去认识社交圈中间的那个人,维护好跟他之间的那一道关系就够了。这就叫:一人为你所用,万人皆为你所用。

第三点，释放自己的可用性，主动向对方展现你的潜在价值。

听到这里，可能有人会问，我身上没什么价值啊。NO，你的价值不取决于你有什么，而是取决于对方需要什么，你要先找他的痛点在哪里。上文中，我提到过一个老板的助理——低学历、嘴巴严，因为那个老板是一个特别注重隐私的人，所以他刚好完美符合了那位老板的核心需求。

还有一个发生在我自己身上的真实例子。很多年前，我去拜访一位前辈，提前做了功课，知道他是一个超级惜命、平常特别注重养生的人。说实话，本来他对我这个后辈也没有很大兴趣，但在我们聊天的过程中，我就有意无意提到一些现在国外最流行的保健方式，还有学术圈最新的一些科研发现（我的好朋友在美国读生命科学 Ph.D，我提前找他补过课）。

这招真的很好用，对方立马就对我有了兴趣，后续我们的交往也很愉快，他在事业上给了我不少指点和帮助。

所以，大家一定要学会释放可用性，你一定要给对方传达一个信息——"我对你有所帮助"，他为了这点特别在意的好处，肯定会愿意抛出一些东西来交换，毕竟社交的本质就是交换嘛。

第四点，巧用"峰终定律"。

意思是：人们对一件事情的感受并不取决于它的平均值，而是只取决于最高峰和结束时的感受。我以前维护自己社交人脉的时候，总觉得要非常努力，要高频出现在别人的生活当中，要与他们保持联系，时刻注意维持曝光度才行。后来我意识到，这真是一个笨办法。

反观我认识的认为其社交圈特别广的姐姐，她跟大家平常的联系并不多，但每次只要她一出现，绝对能让人印象深刻。有个营销词叫"超预期交付"，她就深谙此道，每次见面都能制造出相处中的高光时刻，好比你本身对这件事情只有一百分的期待，但是她却给了你两百分的体验，你说你对她的好感度还不得暴增？

而且，每次她去见新朋友，都会在临别时送上一个小礼物，这就很微妙了。因为礼物这个东西不能上来就送，特别在你们还不是很熟的情况下，会显得你目的性太强，别人会非常抗拒的。你得最后送、临走前送，而且必须表现出是顺便带的，差点儿忘记，突然想起来了，这样别人不仅更容易收下，而且按照峰终定律，这个完美的收尾会让对方对整场见面的印象都变得更好，甚至会开始期待之后和你的相见。

远离"虐恋"情结

健康的感情很重要

有段时间，我一个姐妹失恋了，结果我比她还要痛苦。因为她每天凌晨都会给我打电话哭诉，而且在短短的一周之内，她已经上演三四次分手、复合的戏码了。她就是非常典型的受虐型人格。在这类人眼中，如果一段感情是平滑顺畅的，可能反而觉得有问题，似乎少了点什么，无法激发热情。但如果一段感情非常虐心，由此带来的反复煎熬和痛苦，则会让他们持续感受到一种莫名的满足。

这样的人其实不在少数，很多女生喜欢"BE 美学"，而且不仅仅在小说或影视剧里寻求这种虐心感，还喜欢在真实世界里寻觅这样的情感关系。如果你恰巧就是我说的受虐型人格，或者有这种倾向的话，我希望你一定要调整这种畸形的心态，尝试着做出改变。

首先，当你发现自己的感情和情绪开始不可控，而你又非常沉溺在这种感受里面时，你可以试着去做一些可控的事情来转移自己的注意力。

比如，你可以打开思路，不要总是局限在情感中找虐，还可以增加虐心场景——工作、日常生活。你完全不必担心虐得不过瘾，工作和生活是丝毫不会心慈手软的，一定不会让你失望。你不就是喜欢爱而不得的感觉吗？那你就在工作中设定一个你想要达成，却怎么都达成不了的目标；不是还有人沉溺于"恋人虐你千百遍，你却待他如初恋"的受虐的感觉吗？那你就把恋人这个主体换成考研、考证之类的目标。总而言之，请把这种屡败屡战、越挫越勇的心态移至其他方面，将其发扬光大。

其次，我觉得大家应该认真思考一下：自己为什么会喜欢受虐？我分析下来一般有两种情况。

第一种是因为从小到大都生活在相对畸形扭曲的原生家庭中，所以长大后会排斥健康正确的关系，因为不知道什么叫正确，什么叫健康，便会倾向于去找跟自己父母同类的人，然后复刻或重现与父母之间的相处模式，因为那是自己所熟悉的。这是人的惯性，是不可避免的路径依赖，人会本能地不断去靠近自己最熟悉的东西。

如果你是这种情况的话，我希望你可以认识到：你的问题并不在于你跟恋人之间的关系，那只是表层的、最浅显的，真正的问题还是在于你的原生家庭。

还是那句话，"人没有对自己诚实的部分，它就会变成你的命运"。那些你不愿意正视的、不敢诚实面对的东西，往往就会成为你的命运。所以，对于第一种人来讲，要有意识地从熟悉的模式中抽离，重新去看待你人生中最根本的问题，去跟你的原生家庭和解。先解决自己的问题，再去解决情感上的困境。

接着我们来探讨下第二种人，这类人需要靠痛苦的感受来确认自己是活着的，需要靠受虐来抵偿精神上的虚无，来装点自己贫瘠的人生。这类人首先要做的是先构建一个真实的自我，那才是人生的核心，然后再不断去充实自己的生命，丰满自己的人生，绝不是通过浅薄的痛苦来寻求自身的价值。

说到这里，不知大家有没有发现，上述两种人其实存在着一个共性——他们都是不爱自己的人。因为不爱自己，所以他们在潜意识中始终觉得自己配不上健康正常的恋人，才会一直把自己找同糟糕的关系。他们觉得糟糕才是与之相配的，被虐才是自己应得的。自爱这件事真的没有任何人可以帮你，它需要你不断努力去调整心态、改变思维，需要你反复告诉自己：我是很好的，我是很棒的，我值得被好好对待，值得被珍视，那些糟糕的人和关系是配不上我的。

再次，我们需要对自己重新进行爱的教育。很多人都说，我们缺少三种教育，爱的教育、性的教育和死亡教育。但我觉得，我们对于爱的教育并不是缺失，而是扭曲，里面掺杂了特别沉重的东西，叫作"快乐有罪、幸福有罪"。如果有一对夫妻离异了，其中一方先从感情的创伤中走了出来，组建了新的家庭，那么大家就会很自然地认为他是不道德的。更可怕的是，这种想法已经成了我们的共识，而在这种教育下成长起来的我们，在情感关系中往往是非常压抑的，有着一种刻在骨子里的沉重。

所以，我一直强调，成年之后的我们一定要将"爱的教育"这门课重新补上，学着成为自己的精神父母，努力摆正对爱的认知。

我希望大家可以尽早认识到：快乐无罪，幸福无罪，但受虐有罪。当你受虐的时候，你应该想想那些真正爱你的人，你的父母、你的朋友，他们这么爱你，你却允许别人用如此糟糕的方式来对待你，这样对他们真的公平吗？

最后，如果你在短时间内确实很难改变喜欢受虐的习气，那请你一定要设定自己的底线，就像设定安全词一样，你要清清楚楚画出一条线。

比如，有人已经给你造成了巨大的经济损失，严重影响到了你的工作生活，让你夜不能寐，甚至患上了抑郁症，那就真的要硬性熔断，尽早止损。小虐怡情，大虐伤身，一定要珍爱自己。

此外，我建议大家一定要学会寻找外援，如果觉得自己真的扛不过来，一定要及时向心理医生寻求专业帮助。千万不要感觉有情绪问题是很羞耻的事，人生病了就要看医生，你懂得及时求救就已经很棒了。

单身者自白：
单身也挺快乐啊

　　作为一个已经单身四五年的人，想跟大家聊一下我长期单身的感受和体验。

　　首先，我感觉自己已经逐渐放下对异性的依赖感和性缘脑，转而变成一种淡淡的体验感和好奇心。"性缘脑"这个词儿现在特别火，但单从字面上来看，并不是很好理解。简单来说，就是指你在跟男生接触的时候，只会从"他能否变成我男朋友"这个维度去考虑，从而切断了你跟这个人相处的其他一切可能。

　　说起来，这是一种很奇妙的体验，当我抱着性缘脑交友时，能明显感受到对方也在用这种性缘思维筛选我。就像人和人之间的交往总是相互的，你凝视深渊的时候，深渊也在凝视你。但是，当我放下性缘脑的限制，把思路彻底打开，只是单纯想要去认识和了解一个陌生人时，我欣喜地发现，这种交往的体验感是成倍提升的。

在这个过程中，我很轻松就能看到别人身上的优点，而不是去挑剔对方的缺陷，我突然发现人和人之间的相处竟然还有这么多种可能性。

退一万步讲，真正能做自己伴侣的男人是百里挑一，甚至千里挑一的，我们接触到的大部分男性都是做不了男朋友的，但他们还可以成为你的咨询顾问、健身教练，或者普通朋友。我们一旦拆掉思维的墙，人与人之间的能量就开始积极而顺畅地流动起来了。所以，交往初期，大家完全可以把心态放轻盈一点，不需要见到了异性，就想到谈恋爱。我们的人际交往不是只奔着"找个家"这一个目的去的！

其次，长期单身让我获得了给自己找乐子的能力。

我经常被问到一个问题：你不谈恋爱孤独吗？孤独是不可避免的，可是人生本来就是孤独的。说实话，我在很多并不相爱的伴侣身上看到的是孤独的 N 次方、是 XXXL 号的孤独，与其如此，真还不如一个人待着呢。

这些年的单身生活还让我意识到了一件非常重要的事：孤独才是我们滋养生命最重要的养料，孤独能够赋予人类最真实的力量。

回想之前在英国读书的时候，我发现身边每个人的生活状态其实都是非常独立的。大家只在必要的时候才互相交流，其余的大多数时间都是各自分散、独立生活，沉默而专注地去做自己的事情，没有一个人成天想着与其他人黏在一起。他们会用好一切能利用的时间去运动、去流汗，去提升健康状态；他们会集中精力用在读书和思考上，渴望创造真正有价值的东西。

当年我参加击剑俱乐部时，结识了一个瑞典男生，他十九岁就修完了两个学位，还骑自行车环行了整个苏格兰岛。他告诉我，一路上他都是一个人，一个人迷路、一个人修车、一个人淋雨、一个人吃饭、一个人睡觉、一个人看风景，一路沉默前行，只和自己对话。他说只有一个人的时候,他才会觉得自己更有力量。

说实话,当时他跟我讲这些的时候,我还不甚理解,但随着年岁渐长,我渐渐体悟到他这番话的深意。人的精力如果一直向外输出,热力总有散完的时候,只有向内积累,它才可能不断爆发出强有力的能量。毕竟每个人的时间、精力都是有限的,涌入你生活的东西越多,你的生活就一定会被稀释得越薄。

我也曾为了逃避无聊而谈恋爱,但后来发现根本没用。尽管物理层面上我们是在一起吃饭、一起玩乐,但在心理层面上却非常遥远,我的眼里其实根本看不到对方,依然还是"一个人"。我后来意识到,如果是这种恋爱,那真的是不谈也罢,还不如把时间留给自己,一个人踏踏实实地过好每一天。令我惊喜的是,当我放下了"向外求"的心,竟意外收获了一种近乎幸福的平静。

守住那些不需要
交谈的时刻

也许我们不必假装熟悉，假装热络

写这篇文章的时候，我正和朋友坐在咖啡馆。

我在看书，时不时打几个字，她在一旁逗猫，偶尔喝几口咖啡，看看我。外面还在下小雨，我们就这样度过了一整个下午。

她是我多年的好友，彼此都深知自己在对方心中重量的那种。很奇怪吧，感情这么好的两个人坐在一起却并不热络地谈笑。这就是我们的相处模式，交流不多，见面也不过于频繁，但我一想到她，就会觉得很亲密。

旁人或许会觉得这很难理解，但我们两个却很享受这些对坐无言的瞬间，能在这世上拥有一个连沉默都觉得舒服且不尴尬的朋友，是一件多幸运的事啊。而且恰恰是因为我们在日常的交流中被损耗了太多，这样的时刻才显得尤为珍贵。

那些硬社交中带着明显意图的交流，是榨干我们最后一丝热情的元凶。

曾经有人问我："你觉得交流有意义吗？"我回答："你这句话一出口，就成了反讽，因为你还是在试图跟我交流。"

看起来我们每天要说很多很多的话，就算不用亲口说出来，我们在社交平台说，在朋友圈说……我们用文字说、用照片说，甚至用短视频说。

我们是被倾诉欲吞没的一代人，我们的生活离不开滔滔不绝的表达。但大多数的对话其实是没有意义的，甚至潜藏着一些不易被感知的负面影响。

当我们试图用对话去了解一个人，听到的却不过是对方希望你听到的东西。他们的表达全是对自己的构建与美化。同样地，你也在用这样的方式传达着自己。就像林忆莲在《词不达意》里唱的一样，"我们就像隔着一层玻璃，看得见却触不及，虽然我离你几毫米"。

我们为了讨好和维系一些关系，在朋友圈迫不及待地点赞，在每一条状态下小心翼翼地评论。我们假装熟悉，假装有趣，假装热络。却不料这样的社交语境，到头来透支了我们所有的热情。

这就是硬社交中那些带着明显目的的交流的罪行，它让我们无端背负一些沉重的对话，让我们活在一种疲惫的表演之中，直到耗损完最后一丝热情。

你能说的已经足够多，你要守住那些不需要交谈的时刻

我一直觉得，最好的交谈是那些关闭了想要开口的冲动的交谈。那些秘而不宣的交流，那些未被打开的对话，是只有我们才能够享受的隐秘瞬间。

孤岛与群岛

《爱在》三部曲是我最喜欢的爱情电影，男女主角在美丽的维也纳邂逅，然后漫无目的地游荡，漫无目的地交谈了一整个晚上。作为一部几乎是由对话撑起来的电影，那些贯穿始终的交谈无疑是出彩的。他们聊人生，聊爱情，聊生活，聊内心最细微的感受，他用对话来坦白，来交付自己。

第一次看这部电影的时候，我还是个怀着春心的小女孩，那时候一下就觉得这样的交谈简直是爱情中最浪漫美好的瞬间。

但直到多年后，我重新看了这部电影，才有了新的感悟。电影里有个情节是，男女主角一起去了一家黑胶唱片店，他们被困在一个逼仄、狭小的空间里，试听一首暧昧流动的歌曲，两人都想看对方，却因为那份爱情里的羞涩与矜持而不断躲避着对方的目光。全程他们都没有说一句话，只有 Kath Bloom 的 *Come Here* 播放着，"我喜欢，我望向别处时，他落在我身上的目光"。在整部电影里，他们一直在用语言表达一些像是"爱情"的东西，但我却觉得真正的爱情其实藏在此时此刻的沉默里。一言不发，

243

已是千言万语。

不知在哪看到过的一句话让我记了很久——"你能说的已经足够多,你要守住那些不需要交谈的时刻"。如果可以,我希望有一天你能真正摆脱那些无谓的交谈,带着所有的热情与时间,沉默地站在挚友与爱人的身边。然后,你才会发现,此时的沉默才是你人生中最值得珍惜的瞬间。

一首我很喜欢的小诗送给你:

> 至少,我还可以与某些事物相敬如宾。
> 我在交谈中添加黑暗,
> 迫不及待地从绝望的椅子上站起来,
> 逐渐变成今天的样子。
> 那个闪耀的伤口终于懂得了沉默。
>
> ——胡桑

献给我的妈妈王女士

一些也许对你有用的思想碎片

读到一句诗——
"我们必须顽强地接受我们的快乐"。
太喜欢了,想送给大家!

这些年，我遇到了很多珍贵的人，留得住的、留不住的，都是深浅不一的缘分。

以前的我可能会很执着于人和人之间的关系，想要永远陪伴，想要绝对亲密。但现在，我不会再许这样轻狂的愿望，我开始明白，会者定离，才是人生常态。

相处时，有情有义，走散时，彼此体恤，就已经很好。放手的那一刻，我心里的感激往往大于感伤，带着感恩的心，放下过去，生活才有疏朗开阔的空间来迎接新的一切。

我无比相信重复的力量。

概率学上有个理论是,当你重复实验无数次,结果将无限接近期望值,这个理论完美对照了我的创作和生活。一百字、一万字、十万字……一天、一年、十年……

日复一日地坚持与重复,坚定地度过当下每一刻,这就是我心中的长期主义。

我们不要放弃学习。

像知识、学习这些东西的力量,并不在于它可以让你在每个人生关口都做出绝对正确的选择,而是可以让你在哪怕做出了错误选择之后,都能够拥有承受代价并且可以绝地重生的能力。

爱情是人生中非常可贵的一种体验，希望大家不要为了听从一些很火的看似"政治正确"的口号，而去放弃自己享受爱、体验爱的权利。

口号式的"大女主叙事"是非常肤浅的，它缺失了那种充满智慧和勇气的坚定内核，根本不堪一击。

真正的女性主义是去建造一个弱者也能得以生存的环境——你可以强大，可以闪闪发光，但同时，你也拥有可以不这么强大的自由。

哪怕今天的你平平无奇，无法做到强大独立，你也同样可以得到尊重和接纳。这才是我们应该共同追求的目标。

人活在这个世界上,有人记得你,记得你是怎样的人,记得你的一生。这一切并非因为你是否获得了什么世俗意义上的成就,是否变成了所谓伟大的人。仅仅因为你是你,仅仅因为他们爱你。这样的"记得"大概就属于生命的奇迹。

最近越来越感受到"愿力"的重要性，换句话说，很多事情，"能不能做到"真的就是看你"是不是真的想做到"。

你有多想，就有多强。而"发愿"的真正意思是：去运用信念和意志的力量。因为"你知道"和"你的潜意识知道"根本就是两回事。如果能让潜意识也出来帮你，会无所不能。

还是觉得爱情固然重要，但绝不应该成为人在成年后花最多力气去追求的唯一价值标的，有太多东西比它重要了，比如个体生命的自由度，恰如其分的自尊，健康可控的情绪，不依靠任何东西就能拥有的安全感，持续而真诚的创造，甚至小到日复一日的工作实践……这些才是生命真正的"酵母"。

但爱情不是。更何况，我们绝大多数人所碰到的都不过是爱情的赝品罢了。

有一些建议，或许对一些精神状态不太好的朋友会有所帮助。如果你已经很久没出门了，如果你察觉到自己的情绪开始失控，请你一定要：

1. 尽量保持规律的作息

在家独处很容易就日夜颠倒，晨昏不分。可作息一旦崩了，人的状态就会急转直下。作息才是生活的最后一层防坠网。守住作息等于守住一切。

2. 每天洗澡，坚持锻炼

这一条在任何时候都适用，但在精神状态不太好的时候尤为重要。洗澡和锻炼都是解压神招，给自己找点事做，千万不要让自己陷入虚空的情绪旋涡。

3. 守望相助

可以多和朋友进行线上交流，保持和外界的联系，记住，人是需要诉说和表达的，不要让自己成为被隔绝的孤岛，也不要让你的朋友觉得孤单无助。

4. 拥抱荒诞

面对荒诞的世界，加缪分析了三条出路：自杀和依靠信仰都是在回避问题，而人真正能够把握的是拥抱荒诞并在此前提下充分地度过人生。

祝我们都能拥抱荒诞并在此前提下充分地度过人生。

一些零碎感想和建议：

1. 一个观察：人看不上的很多东西，反倒是Ta内心深处最想要的。所以有些话，反着听就对了。

2. 对人对己，没有要求，接近自由。

3. 晚饭很好吃，撑到不行还是放不下筷子，我妈："如果感到难受，那你就要放下。"
啊，妈妈，我好像突然一下子懂了好多道理。

4. 每次有哪里不舒服，妈妈都会问疼不疼，如果疼的话就可以稍稍放下心，不疼的话反而更要引起警惕。疼痛有时候是一种保护，而默不作声的伤害等意识到的时候可能就来不及了。
妈妈，我好像突然又懂了好多道理。

5. 纯粹的乐观主义和纯粹的虚无主义本质上都是一种偷懒。

6. 分享一个克服选择恐惧症的方法——时刻提醒自己：你在纠结上浪费的时间成本已经大于你做错选择要浪费的成本了。

人生中 90% 的事情，都闭眼选吧。

7. 对于我们普通人会碰到的绝大多数情绪问题，罗丹老师曾提出过唯一有效的解决途径：工作，以及足够的耐心。

8. 当然，不想工作也是可以的，比如基金跌到尘埃里时，这种时候应该大声朗读徐皓峰老师的那句"瘫倒"文学——"选择做个挣不到钱的人，选择过狼狈一些的生活……总有人来相依为命，总有急中生智的一天。"

最近有一个感想，年龄不是顺着算的，而是倒着算的。"更年轻"的意思是"还拥有更长更久更高质量的人生旅程"。所以说，根本不必去羡慕别人的年轻，努力运动，健康饮食，在拉长生命线的同时，去增大生命的可扩展容量，这才叫真正的年轻。

以前总是喜欢突然干点打破常规和原有生活秩序的事情来标榜自己在"追逐自由",现在想来,真是吱哇乱叫。暂时失序,偶发混乱,都不等于自由。如今的我更愿意相信:真正的自由其实是一种生活的向心力,是建立起属于自己的崭新的秩序。

如何缓解负面情绪？

我的经验是两个字——去做。

到底要不要说那句话？到底要不要诚恳地表达自己？人所有的犹豫和恐惧，都是因为过度假设和自我想象。让未发生的发生，等未落定的落定。做了就有结果，且不管这个结果是好是坏，起码不会让无尽的想象反复折磨自己。

Not
to
please

一些也许对你有点用的零碎感想：

1. 朋友跟我交流了一个事情：在职场工作和生活中，如果碰到那种完全无法与之沟通的人，该怎么办？

尽量把你所有的问题都变成是非题抛给对方，让 Ta 只有"是"或者"否"可以选择。

是这样的，有很多人从小到大都只会做选择题。

2. 不要算命,因为其中涉及一个很基本的问题:算命先生口中的"好坏",或许根本不是你所理解的"好坏"。每个人的表达,都不会超出他的认知水平。让一个认知水平在自己之下的人来解读自己的命运,竟然还要交钱,是不是很荒谬?

我在这方面不太容易被骗钱的主要原因还是太自信了,觉得大多数算命先生的认知水平肯定在自己之下。

真的很自信,但是!加缪老师说过,"蔑视,能克服任何命运"。让我们都支棱起来!

3. 很多人都说自己不会撒娇，撒娇其实和表达的内容没什么关系，更多的是在于语气，要轻，要没有指向性，要没有戒备心。声音在低处，情绪在高处，但要把心凑近去。就像轻轻抛过去一个羽毛球，让它因为地心引力而展现出优美的弧形。

　　当然，这一切和是否有一个好的球友有很大关系。

4.在感情中，表面上的"主被动关系"真的太表面，本质上可能都是颠倒的。

所以，不要花太多力气在争夺"表面的主动权"上。真的没必要。

5.但很有必要的是：思考一切情感问题的时候，记得多以"我"为主语。

6.读到一句诗，"我们必须顽强地接受我们的快乐"。

太喜欢了，想送给大家！

我非常反对，并且反感现在的某些情感观。好像一时之间，寻求一段深刻、严肃、认真的感情就是错的，人和人之间就是要玩套路，拼心机。所有人都教你不要投入真正的感情，越直接、粗暴、肤浅，就越好。最好是可以用"渣男"的魔法来打败魔法，用他们的套路来打败套路。

但事实是，当你习惯了人和人之间非常浅层的关系之后，你就会彻底失去获得深度情感体验的能力。而且这种退化是不可逆的。

就像你一直刷短视频，一直摄取碎片化信息，就会很难沉下心来去读完一本书。感情上的"速食"也是如此。如果选择了潦草的相处，就永远别想着还能获得深刻的感动。

选择浅层关系的人，得到浅层的东西；选择深层关系的人，得到深层的东西。一分耕耘，一分收获，这件事在感情中倒是难得地公平。

进入那种毫不走心的浅薄关系就像在吃感情中的垃圾食品，短暂的快感过后必然是漫长的空虚。吃多了有害身体健康。

我们应该追求的，是那种需要动用灵魂能量的恋爱。要剖开自己，让渡边界；要敲击灵魂，铮铮作响；要把这份爱和自己的生命体验深度捆绑在一起。

爱人要用侠义之气

有段时间我重读金庸的作品,不禁沉迷其中,某日半夜还发了个微博,和大家讨论金庸书里的人物。

令我疑惑的是,每每说起郭襄对杨过的爱,大多数人的感觉是这几个字——扼腕痛惜,爱而不得。

大家甚至会觉得她终身未嫁是因为心里还没有放下杨过,所以封心锁爱,把自己的青春和生命都献祭给那年风陵渡口的惊鸿一瞥。

然而,我要说的是,倘若用爱而不得这四个字来概括郭襄对杨过的感情,真的未免太过狭隘。

在郭襄寻找杨过的这十几年里，她游历山海，结识英豪，甚至开宗立派，成为流芳百世的一代宗师。郭襄从来都没有因为逼仄的爱恨而作茧自缚，情深却不自噬，反倒是不停地在拓宽自己生命的宽度和广度，把自己的人生活得万分充盈，精彩绝伦。

对我而言，郭襄对杨过的爱非但不是青灯古佛的凄然，反而还是我心中真正的"理想之爱"。因为在她心中，爱不是自私的占有，更不是所谓的名分和婚姻，她的爱是和生命连在一起的体验。

所以，对于这样的郭襄来说，放不放下已经不重要了，因为她早已"超越"。超越了自私的人性，超越了时间的限制，超越了世俗的价值标尺，也超越了狭隘的"爱情"，升华成了能真正滋养生命的"大爱"。

总是会有人问我，如果一直放不下一个人怎么办？如果心中有爱而不得的执念该怎么办？

现在你应该明白了吧，这个问题的答案不是"时间"或者"新欢"，而是把"对某一个人的爱"扩宽成"对更多人的爱"，甚至是"对整个世界的爱"。

感情也有代偿机制，把注意力从那个人的身上拉回来，把对他的浓度过高的爱分给朋友、家人、自己，甚至是这个世界的一草一木。

你不一定非要忘了他，你还可以记得他，甚至爱他，但当你学会了郭襄身上这份豁达与坦然，你就不会再被爱而不得的执念所绑架，更不会因此而毁了一生。

我一直很喜欢一句话，"与万物相爱，不得分开"。真的，倘若你能把注意力从眼前那个人身上移开，你就会发现：世上还有太多值得我们去爱的东西，比如浪漫的充满诗意的文字、千百年沉淀的哲思真理、简洁经典的艺术美学……

爱情真的不是一种关系，而是一种状态，当你拥有爱情的状态时，你就会自在自得，圆满圆融。

坚定的内心才是任性的资本

有人问我：快三十岁了，当感情生变后我们还能勇敢地分手吗？

首先，我想反过来问，为什么三十岁会成为这个问题的前置条件呢？我想，如果任性的资本只是年龄，那么这样的资本也太过单薄和不可靠。我反而觉得快三十岁的人应该比二十岁的人有更多的资本去分手，去尝试更多的选择。

因为那个时候的你，见识过更多的东西，拥有更丰富的阅历，更加知道自己到底要什么，不要什么。

其次,这个问题很像是女性的发问。我真心觉得现在女孩子给自己的限定太多了,快三十岁是一件多了不得的事吗?并不是啊,为什么要被年龄裹挟,自己捆绑自己呢?

现在的我,就是快到三十岁的年纪,但比起年轻时,我觉得现在的自己有更开阔的眼界、格局,更深刻、坚定的内心,更多的力量去执行自己的人生目标,这些东西才是我任性的资本。

Not to Please

重新找回自己的感觉，真好

在这些年里，我学会了对亲密关系的祛魅。不去过度依赖恋人，也不会再把恋爱当成生活中的唯一兴奋灶。这是我这一年来所学到的最重要的事情，重新回到自己，这种感觉真好。

Not to Please

Not
to
Please